U0023353

元華文創

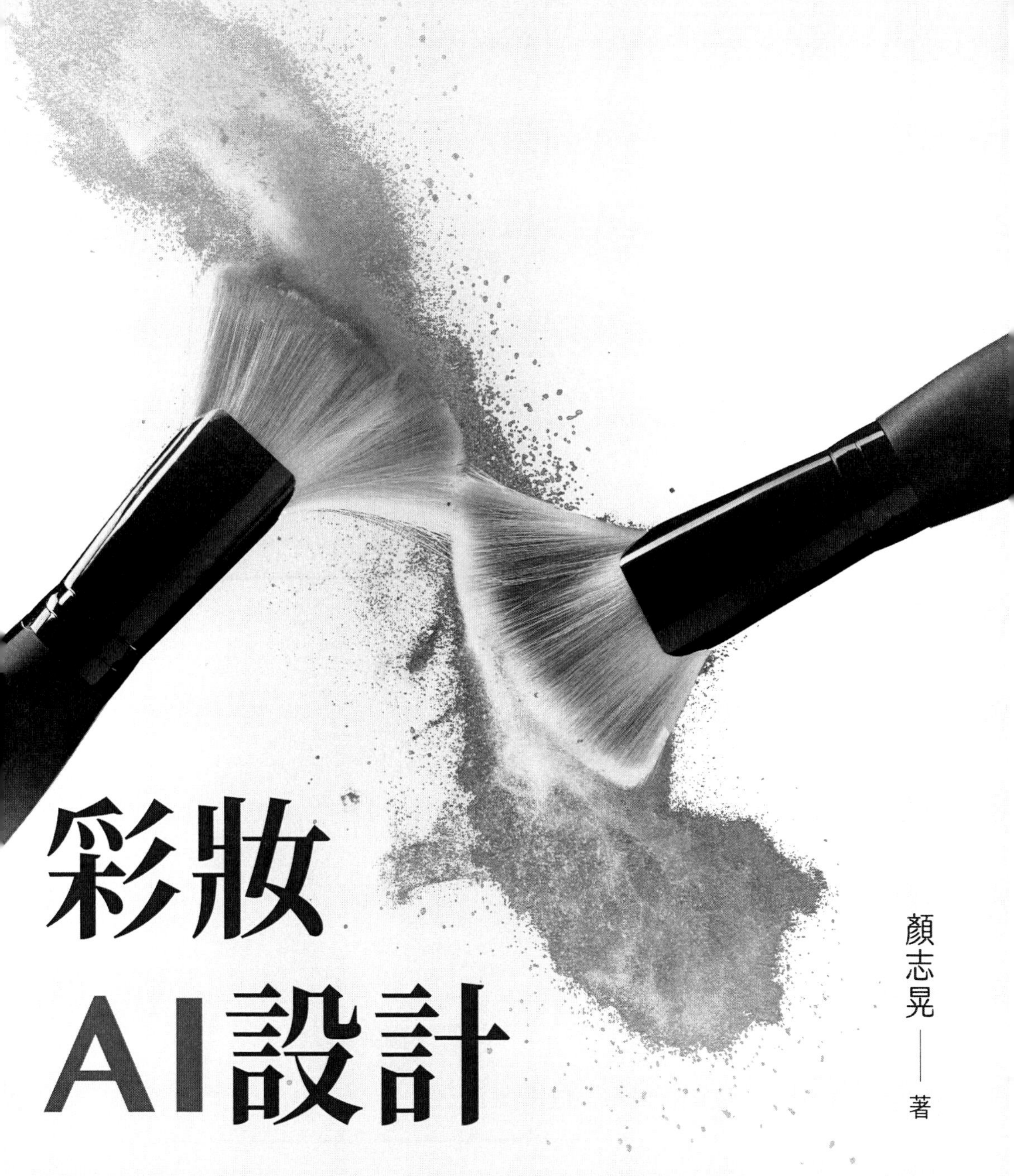

彩妝 AI設計

顏志晃 —— 著

Makeup Design with Artificial Intelligence

被濾鏡裹挾的審美，讓人們在千百年中，對尋找完美的妝容，孜孜不倦。

推薦序一

常言道：士為知己者死，女為悅己者容。其中，女為悅己者容這段話，已經點出中國彩妝的悠久歷史，因為這句話源於春秋戰國的豫讓（東周四大刺客之一），後來被司馬遷記入《史記》的〈刺客列傳〉。相較起源於古羅馬（相當於西漢時期）的歐洲化妝史而言，早了近五百年歷史。不過，從原始社會裡，大多原始人類用利器在人體前胸、後背、兩臂和面部劃出圖案和記號，以顯示地位和存在；後來也從動物和礦物質中提煉出來的脂、粉當作唇膏和面霜，用來裝飾自己，脂粉這個詞兒就是這麼來的。那為何女人願意為欣賞自己、喜歡自己的人而打扮呢？因為化妝可以讓自身的優點更加突出，能改善原有的「形」、「色」、「質」，增添美感和魅力。早在 3000 多年前的周代，粉底就已經出現，只不過是用米磨成的粉；還有胭紅和口紅，是用一種叫作朱砂的紅色礦石研磨而成的，不過，成分是硫化汞，長期使用會導致神經功能損害，甚至死亡；眉筆則是用的是一種叫作青黛的黑綠色顏料，畫出來是綠色的眉毛。而自古以來，女性追求美麗已經成為了各國文化的一部分，而且在不同地方的不同時期，人們對於美的定義都不相同。

隨著時代的發展，化妝已經被越來越多的女性普及。隨著人們生活水準的提高，人們對於美的追求也越來越高，這也正是化妝受到人們青睞的原因之一。此外，「人靠衣裝，佛靠金裝」的道理在現代職場尤為適用，一個穿著時尚得體、化妝得體的女性在職場上更受歡迎，得到更多機會的同時，也能塑造自己更加自信的職場形象。而且在應酬場合中，一個化妝到位的女人在顧客需求和交流表達上更加得心應手。甚至有人認為，不管男性或者女性，出席重要公共場所或者活動，化妝本身具有溝通交流情感，尊重別人，增強友情的功效。加上化妝也代表時尚的一種表現方式，可表現出一個人的個性、品味和風格，有助於塑造屬於自己的個性化形象。在時尚界裡，化妝已經成為了展示時尚品味的重要一環，不同年齡、膚色、氣質的人都可以通過選擇不同的化妝品和化妝技巧來顯示自己的優勢和時尚感。通過化妝這種時尚手段，人們不僅可以展現自己的個性和品味，還可以改善肌膚狀態、提高自信心、帶來良好心情和提高社交能力，這正是化妝的益處與優勢之一。

科技和時尚是兩個看似不同的領域，但在現代社會中，它們卻經常交織在一起。科技的不斷進步和創新，不僅影響著時尚的設計和生產，同時也改變了人們的消費習慣和購物方式。隨著先進科學技術的進步，化妝品行業發生了翻天覆地的變化。這些技術不僅提升了化妝品研發能力，還為化妝品評價及個性化護膚美容開闢了新途徑，其中 AI+（科技＋）化妝，已經成為近兩年重要趨勢。AI 是 Artificial Intelligence 的縮寫，指的是人工智慧；人工智慧是研究、開發用於模擬、延伸和擴展人的智慧的理論、方法、技術及應用系統的一門新的技術科學。AI 技術可以幫助化妝品牌收集並分析大量的資料，從而提供更準確的市場預測和消費者偏好。AI 技術可以幫助化妝品品牌進行產品創新和開發，通過分析消費者的需求和市場趨勢，AI 可以提供有關新產品的建議和預測。通過分析消費者的回饋和社交媒體上的評論，

AI 可以提供有關品牌形象和聲譽的建議和預測。品牌可以利用這些資料來改進產品和服務，提高消費者滿意度和品牌聲譽。

這本由顏志晃老師所撰寫的《彩妝 AI 設計》，從一開始對中國彩妝歷史的娓娓道來，到全球視角下的美妝發展與變遷，從全世界的流行色到如何善用不同理論到各種先進儀器的運用，很完美的詮釋該本書的題目與內容；另外《彩妝 AI 設計》一書，又深度體現顏老師在對於流行時尚、化妝品彩妝與 AI 科技三者間的理解與融合呈現。顏老師本身除擁有博士學位外，在設計與彩妝行業裡，同樣擁有資深的經歷，這本書可說是理論結合實證、歷史結合時尚、人工結合科技等三方面的重要著作，值得對於研究化妝品、彩妝或者顏色的理論專家學者，或者實際的化妝品品牌從業業者與產品研發人員採購訂閱。最後，身為一名大學高校的研究人員或者學者，更應致力於各種生活前沿科學的研究與發現，畢竟科學的運用是生活，而生活則是體驗科學的各種研究成果，不是嗎？

陳建安

閩南師範大學新聞傳播學院副教授

兩岸傳播研究中心副主任

推薦序二

「窈窕淑女，君子好逑。」我們對美好事物，總不禁心嚮往之，所謂愛美之心，人皆有之。早在周代，就出現了眉妝、唇妝、面妝等等妝容，還有一些化妝品，比如妝粉、面脂、唇脂等等。自古以來，化妝就是一門很有講究的美顏技術，《詩經·碩人》中「手如柔荑，膚如凝脂，領如蝤蠐，齒如瓠犀」詳盡地定義了美人：手柔、膚白、皓齒，眉傳情、唇帶笑，古人對於美，有自己的高雅追求，按這種高審美標準來修飾的妝容，自然對彩妝品有特別的要求。一直以來，人們都在「提升顏值」的路上孜孜不倦的鑽研著。需求引導市場發展，自然而然就出現了各種彩妝物品。

該書以中國美妝演變歷史起筆，記錄了中國古代主流的化妝品、面部著妝、妝容流行趨勢以及中國近現代美妝潮流與發展前景。進而放大空間視角，寫全球視野下的美妝發展，並記錄了世界近現代彩妝流行色。此外，還進行了流行趨勢色彩的膚色系統的研究。拉長時間維度，放大空間視角，宏觀敘述，微觀記載，收納了古今中外的美妝變化，並抽絲剝繭似地分析其發展脈絡，可以說是一本十分詳盡的妝容史書。回顧過去，展望未來，啟迪我們思考，何為妝容之美？妝容之美重要嗎？

解讀美妝史，更好地做出無論是千奇百怪的造型，還是色彩張揚的配色，自我認同才是一切美的合集。即使美妝史演變、化妝品製造歷史變遷，但萬變不離其宗，我認為化妝品總該以消費者的情感需求為出發點，以女性所喜聞樂見的文化藝術元素作為設計元素，基於中華傳統美學特徵和化妝品消費者的情感需求進行以滿足情感需求為目的的化妝品的設計方法探尋，並將其運用到化妝品生產實踐中，旨在喚醒傳統文化並將其融入到生活當中，積極促進優秀文化的繼承和發展，使其在化妝品美化設計中煥發出新的生機，才能製造出適應市場需求的彩妝品。

現代女性群體特徵是女性有較高的學歷，較廣的知識面，較複雜的知識結構，以及較深層次的理論水準，思想上較為開放，樂於接受新事物，看問題也具有獨特性和成熟性。因而，在這樣的社會背景下，為滿足女性群體的思想的成熟性與購買能力這些特徵，使得女性群體能夠更好的展現自己的美，對於當下彩妝業發起了一個挑戰。而且，現在的彩妝不僅僅只有女性這個消費群體，還增加了許多男性消費者，在韓國，男性化妝已經是很普遍的事情。因此，現代的彩妝發展，何去何從，是個謎題，靜等歷史娓娓道來。

這本書，關於彩妝，願諸位有所獲。

李安嵐

閩南師範大學文學院副教授

作者序

職涯 20 年間，有 10 年做的是珠寶首飾設計，有 10 年做的是化妝品的研發設計，設計一直是我非常著迷的事物；愛美是人的天性，女性的彩妝尤其在臉部妝容更為所有人所關注，自身的膚色會隨著四季、生活作息、工作壓力等等因素影響，並且產生變化，例如：夏天在外日曬變黑、在辦公室不出門就變白……等等，真實的膚色擷取，並可以建立膚色資料庫去探討膚色的變化。這本書主要以電子書與實體書籍印刷出版為主，由於書中諸多對色彩的描述與介紹，是無法在黑白印刷的實體書中做色彩呈現的， 讀者可以經由電子書的閱讀來完善色彩的體驗與需求。

女性在挑選化妝品時，常常需要到彩妝專櫃尋求專家的協助，以判定自身適合怎麼樣的彩妝品，在這消費行為中，不難發現選色來搭配自己的膚色，是所有女性想要達成的願望，但如何知道自己的膚色卻是一件難事，如今消費市場從實體店面快速發展到網路店面，在沒有專家的協助下瞭解自己的膚色是不容易的。

隨著現代科技的不斷進步，人們的生活水準不斷提高，生活更加便利，「智慧化」成為一個重要的發展趨勢，透過自動化技術的提升，未來的生活將更快速、便利、舒適，並且可即時性的應用相關之服務上，如人臉自動辨識功能。

書中也提到針對未來區域人口大數據運算，作持續記錄與資料的累計與追蹤，這樣的資料累積可以為彩妝的工業提供更確切的參考，同時也可應用在各種與膚色有關的產品設計上。膚色的應用更可以在健康或疾病防治中扮演一定的角色，這也是未來可再做延伸的研究與發展。近幾年來因為科技與電腦網路的發達，大數據資料庫與雲端計算的應用到處可見，如果可以將研究中的擷色模式搭配工業 4.0 的架構與應用，將可以為商業模式帶來創新與價值。甚者，依此建立膚色資料庫，長期追蹤人類各項疾病與膚色的變化關係，亦可以為預防醫學作出不同的解決方案。

半夜筆耕時，感謝家人的陪伴與包容支持，因為有這些溫暖的肩膀，本書方能順利完成。擁有健康和時間去投入有意義的事情，其實是幸福的。學而後知不足，本書在撰寫期間，其實尚有許多可再做延伸研究與發展的地方，期待各位讀者的迴響與不吝指教，也希望此書可以給讀者們對設計有另一層面的想法與見解。

OCT. 2023

目 次

緒　論

流行趨勢是現代社會中一直存在也一直在發生的事，他影響著我們的日常也關乎著我們每天的選擇與活動。流行中最直觀與直覺的事物不外乎是人的妝容，儘管千人千面，對於妝容所呈現的效果如何完全因人而異，同時也離不開評價者的主觀看法，看似這樣的問題永遠沒有最優解，但是卻絲毫並不影響每個時下的都有人依舊樂此不疲地尋找著關於理想妝容的最大公約數。

我們不可避免地面臨因為琳琅滿目又難辨虛實的參考而感到無所適從的情況。但又把時尚是個輪迴常常掛在嘴邊，經典總是有能力能夠再一次次地脫穎而出，吸引現代人的眼光。這也讓我們總是願意從多元複雜的環境中掙脫出來，將目光對準過去，回歸從前相對簡單的時代中曾經出現的流行趨勢是如何運應而生的，這讓我們思考是什麼塑造著我們對妝容的選擇？又是什麼左右著流行趨勢的發展？我們又將如何通過解讀歷史，更好地做出選擇？這就需要我們去回望從前生活在生產力遠不如今的弄潮兒們又是如何用有限的化妝品，描摹出屬於那個時代的花容月貌，去打造在市井街坊裏成為爭相模仿的潮流，在歷史長河中留下令人心動的細節。

過去人們積極地改造自然，摘一朵花、採一株草、煉一塊礦石，不再是佩戴裝飾，還要悉心加工、調配，摸索出一套工序賦予他們新的形態和用途。再在臉上選擇一個合適的地方妥善安置他們，或是擦拭兩頰、塗抹雙唇，或是點綴眉心、勾畫眉型。自然的饋贈成就或古樸肅穆、或溫柔嬌俏、或明豔動人、或肅靜淡雅的風情萬種。淡妝濃抹，各美其美，美不勝收。可見，復古潮流風尚總在不經意間讓過去的流行元素再次回歸大眾視線，這樣的現象總是三不五時地出現也並不奇怪。

所以在探討流行、潮流趨勢的發展，我想先從化妝品的歷史先說起，就從我們最熟悉的老祖宗們曾用過的化妝品說起。讓我們回溯過去千百年，看看存放著人們在追求美時所用到的器物的梳粧檯上，經歷過怎樣從無到有的更迭蛻變。他們又是如何在對鏡梳妝時、拿起放下間創造出絕代風華。

盛極一時的潮流難逃被一一替代的結果，再好的化妝品也會變質腐壞，連人的容貌也難逃「色衰而愛馳」的考驗。凡此種種，唯獨這裏面包含著的對美的追求將永不褪色。即使歷史不斷向前，那些創造美的歷程依舊值得我們深情凝望。

值得一提的是，流行趨勢的存在價值遠不是因為他能夠成就大多數人的美貌，而是他能夠在我們清楚地瞭解到我們自身的容貌後，為我們能夠更好地揚長避短提供更多參考借鑒。我們大多數人都了然的一點是適合自己才是最好的。在這種情況下，我們能夠清楚地認知辨識自己的容貌顯得尤為關鍵。其中，關於化妝品與膚色兩者間的契合度的討論成為了如今許多人研究的課題。伴隨著數位科技的發展，運用修圖軟體去調整自己在影像中的膚色情況成為越來越多人的選擇。同時，近年來虛擬購物的風潮盛行，消費者們更多地通過網路平臺購買心儀的化妝品，銷售方也絞盡腦汁地將產品著妝後的效果參考圖做得格外精緻，但這時常不能幫我們做出更準確的選擇。這時，精修圖的出現所帶來的困擾顯得常有而突出。

事實上，在自帶濾鏡的加持下，對於自我膚色情況難以判斷或者判斷不準確的情況普遍存在。被濾鏡裹挾的審美讓我們對尋找真正適合自己的妝容增加難度。我們能用先進精確的演算法來滿足獲取更愉悅的視覺享受的需求，卻也相應地減弱了對自我判斷和感知的能力。

因此，我還想自原始的化妝開始來講潮流趨勢，也想自最基礎的人臉著妝來探討膚色的樣貌，這在設計的領域中是一種非常奇妙的事情，人們要去領悟老祖宗的智慧更要鑒往知來，這是我累積了幾十年的工作經驗與心得。與此同時，也將與大家分享一些我在膚色妝容領域的一些研究成果。

接下來，視覺盛宴即將開啟，歡迎入席。

第一章　中國美妝演變歷史綜述

化妝品演變至今，人們對這一概念已經有了相當成熟的認識，即以塗抹、噴灑或者其他類似方法，散佈於人體表面的任何部位，如皮膚、毛髮、指趾甲、唇齒等，以達到清潔、保養、美容、修飾和改變外觀，或者修正人體氣味，保持良好狀態為目的的化學工業品或精細化工產品。從中我們可以推知以往人們在改變自己外形上所下的各種功夫，究竟有哪些是從屬於化妝品的功勞，這也讓我們能夠看清化妝品發展演變這樣一條清晰的脈絡。

在認識、改造世界的初期階段，人們探尋自然界並瞭解到周遭萬物的本質並開始利用其創造出生產生活，從這個角度上看化妝品的出現是必然的。但從人們因為聚落甚至地理隔離的因素因此生發出不同的文明上看，那麼化妝品的選擇卻是自由的。

若論起中國化妝品使用的雛形，可將原始社會一些部落在祭祀活動時會把動物油脂塗抹在皮膚上使自己的膚色看起來健康而有光澤開始算起。或許在先祖們臨水自照時，便開始在意起自己的樣貌，開始萌生了各種如何讓自己的五官擁有不同的視覺效果的想法。不管如何遙想當年，現今我們已然無法知曉是具體是哪一位先人用著怎麼樣的物件開始第一次描眉，第一次塗抹紅唇。好在我們能夠依靠正史筆記裏的隻言片語、文學創作中的月章星句、工藝作品的精雕細琢來試圖窺見屬於中國古代化妝品的「生命歷程」。

1.1 中國古代主流化妝品概覽

1.1.1 彩妝品

（一）妝粉類

中國古代很早就搽粉了，這一直是最普遍的化妝方式。據唐書記載，唐明皇每年賞給楊貴妃姐妹的脂粉費，竟高達百萬兩。對於敷粉的方法，清初戲劇家李漁的見解頗為獨到，他認為當時婦女搽粉「大有趨炎附勢之態，美者用之，愈增其美」，「白者可使再白」，「黑上加之以白，是欲故顯其黑。」在唐末五代有一種特殊的妝「三白妝」，即在額、鼻、下巴用白粉塗成白色，其他部位不做修飾，達到令五官更加立體的效果。在美妝歷史上，細究起妝粉的原材料種類，自然界中只要符合理想中的顏色，幾乎可以說「皆可為妝粉」，人們將能夠加工成粉末狀的固體都嘗試著往臉上塗抹。（圖 1-1-1-1 妝粉）在中國古代常用的妝粉有以下幾種：

圖 1-1-1-1 妝粉

1.鉛粉

作為人類最早使用的金屬之一，在商代留存下的青銅器中就提取到了鉛這一金屬元素，同時也發現了含鉛器具往往色澤更加光亮潤滑、不易被輕易腐蝕這樣的現象，古代人把這一物理性質誤認為其具有保養功能，便將鉛粉用在了自己身上。作為煉丹術中不可缺少的物質，鉛成為帝王們追求長生不老的靈丹妙藥，而在此之前，鉛早已被用作鉛粉來保持青春永駐。

鉛粉古稱粉錫或鉛華。在《古今注》中有「三代，以鉛為粉」，這樣的說法表明在夏商周時期古人便有研磨鉛粉的工藝。所謂鉛粉，往往還含有錫、鋁、鋅等雜質，並不十分純淨，但塗於面部卻能見奇效。晉《博物志》記載皇家后妃將「宮粉」用於面部剝脫皮膚專用的美容用品，這其中的「宮粉」也稱作胡粉，就是含鉛的化合物（鹼式碳酸鉛），宋高承在《事物紀原》一書提到：「周文王時女人始敷鉛粉」。其實鉛粉是有微毒的，用久會對皮膚造成傷害。用鉛粉塗面來達到美容效果在這個時期初見雛形。

秦漢時的鉛粉在形態上有了更多的可能。分為固體及糊狀兩種。乾燥的粉末狀常被加工成瓦當形及銀錠形稱「瓦粉」或「定（錠）粉」的固體，糊狀的鉛粉俗稱「糊粉」或「水粉」也被稱作「鉛華」，我們所說的「洗盡鉛華」便是古人卸妝的模樣。

而鉛粉也不是人們為了追求以白為美的風氣而使用的唯一有毒的物質，古代還有一種水銀作的「水銀膩」，傳說是春秋時期蕭史所創制的，以供其愛侶弄玉敷面所用（圖 1-1-1-2 水銀膩）。有限的生產技術水準和認知給予了人們大膽嘗試的空間，同時也面臨著以身試毒的風險。

圖 1-1-1-2 水銀膩

2.米粉

鉛粉敷面，有較強的附著力，但若是保管不當，容易硫化變黑，故古代較常用的化妝用粉是米粉。米粉的製作方式也較鉛粉更為簡單，只需將米粒研碎後加入香料便可以製成。

米粉採用米汁製成，製作過程比較簡單，因此被廣大老百姓所接受。米粉的優點是黏性強，可以較長時間保持面部白淨光潔。白粉功用就好比現在的粉餅，有修飾提亮肌膚色澤的功效，雖然顯得死白一片，但是資源有限，在當時可是熱門商品。

從秦代開始，女子便不再以周代的素妝為美了，流行起了「紅妝」，敷粉亦並不以白粉為滿足，又染紅成了「紅粉」（圖片 1-1-1-3 紅粉）。紅粉與白粉同屬粉類，色彩疏淡，使用時通常作為打底、抹面。由於粉類化妝品難以沾於臉頰，不宜久存，所以當人流汗或流汨時，紅粉會隨之而下。除了白色妝粉外，漢代還有紅色妝粉，用以妝頰。除了以粉敷面之外，漢代還有爽身之粉，通常製成粉末加以香料浴後灑抹於清涼滑效，多用於夏季。

圖片 1-1-1-3 紅粉

3.花粉

人們常常以花喻人，也借花妝人，那麼將花朵研磨成粉塗抹身上也不失為情理之中。花粉亦是妝粉，相較於鉛粉複雜的製作工藝，花粉的製作過程則相對簡單快捷得多。用各種不同品種的花：如紫茉莉、紅月季等，研碎了兌上香料研製成玉簪樣的花棒，整整齊齊地擺在宣窯瓷盒裏，這就是上妝用的花粉。用時攤在面上勻淨自然且能潤澤皮膚。用珍珠為原料加工製作的妝粉，在清代則多稱為「珠粉」，明代的珍珠粉則是用一種由紫茉莉的花種提煉的妝粉，多用於春夏之季。玉簪粉則是一種以玉簪花和胡粉製成的妝粉，多用於秧冬之季。花粉的使用隨季節而更替，仿佛也賦予了中國古代妝容極強的生命力。

（二）胭脂

亦名臙支，臙脂，燕脂。古代製作胭脂的主要原料為紅藍花[1]。紅藍花的花瓣中含有紅、黃兩種色素，放在石缽中反復杵槌，淘去黃汁後即成鮮豔的紅色顏料。再經數道工藝提煉而成紅

---

[1] 紅藍花（學名：Carthamus tinctorius L.）是菊科紅花屬植物，別名紅花（《開寶》）。黃藍頌曰：其花紅色，葉頗似藍，故有藍名。紅藍花的其他名稱有紅花、紅蘭、刺紅花、草紅花、丹華、黃蘭、杜紅花、大紅花、南紅花。

色顏料，便可以製成古代常用的化妝品胭脂。為了使用、貯藏的便利及美觀，古代胭脂或凝作成膏瓣，或混染成粉類，或製成花餅，也有用汁液浸棉、絲、紙的，古代常見用於妝面的胭脂主要有兩種，一是以絲綿蘸紅藍花汁而成，名為「綿燕支」；另一種是加工成小而薄的花片，名叫「金花燕支」。這兩種胭脂都可經過陰乾處理，使用時只要蘸少量清水即可塗抹。

在漢代，紅藍花作為一種重要的經濟作物和美容化妝材料已經廣泛地進入了匈奴人的社會生活之中。漢匈之間有多次軍事力量的廝殺，在霍去病先後攻克焉支、祁連二山後，匈奴人痛惜而歌：「亡我祁連山，使我六畜不蕃息；失我焉支山，使我婦女無顏色。」祁連山是匈奴放牧牛羊的地方，焉支山上種植著匈奴人用來妝扮的紅藍花，失去焉支山，婦女們也因此不能用紅藍花化妝而顯得失去顏色。漢武帝三次大規模的反擊，匈奴右部渾邪王率眾四萬人歸附於漢朝，「胭脂」的製作、使用與推廣，也正是在這種歷史背景下，漸漸傳入漢朝宮庭和中國與匈奴接壤的廣大區域。從已發掘的考古資料看，馬王堆一號漢墓出土的梳妝奩中已有胭脂等化妝品。此墓主人為當時一位馱候之妻，墓年代大約為漢文帝五年（西元前 175 年）。因花來自焉支山，故漢人稱其所製成的紅妝用品為「焉支」。「焉支」為胡語音譯，後人也有寫作「煙支」、「鮮支」、「燕支」、「燕脂」、「胭脂」、「閼氏」的，現在我們一般多稱「胭脂」。（圖 1-1-1-4 胭脂）

圖 1-1-1-4 胭脂

巧妙地借助胭脂來完成對流行妝容趨勢的追隨，在魏晉南北朝時期便有此先例。據張沁《妝樓記》[2]載，三國時，魏文帝曹丕的宮中新添了一名宮女叫薛夜來，文帝對她十分寵愛。一天夜裏，文帝燈下讀書，四周有以水晶製成的屏風，薛夜來走近文帝，不覺一頭撞上屏風，臉頰上紅腫了一片，就好像將要散盡的紅霞，「曉霞妝」也因此得名。（圖 1-1-1-5 曉霞妝）

圖 1-1-1-5 曉霞妝

不難看出胭脂以明豔濃烈的色彩成為彩妝強勢的存在。

---

[2] 《妝樓記》：是明代玩花主人創作的戲曲。劇敘南宋漢中人陳宜中，其父與周程指腹連姻，配周女意娘，因戰亂二十年絕無音信。

（三）朱砂

和胭脂一樣以奪目的紅在中國古代化妝品佔據著一席之地的還有朱砂，漢代婦女並且在雙頰上塗抹大面積的紅色，這可從出土漢代陶俑面部的裝飾清楚地看到。為達到紅妝的效果，這個時期的人們不僅敷粉，還要施朱。這裏的「朱」取其顏色意指朱砂。（圖 1-1-1-6 朱砂）

圖 1-1-1-6 朱砂

朱砂的主要成份是硫化汞，並含少量氧化鐵、黏土等雜質，可以研磨成粉狀，供面妝之用。在江蘇、海州和湖南長沙早期漢墓出土的物品中，還發現以朱砂作為化妝品盛放在梳妝奩裏。漢代劉熙《釋名・釋首飾》中也提到：「唇脂，以丹作之，象唇赤也。」丹也叫朱砂。但朱砂本身不具黏性，附著力欠佳，如用它敷在唇上，很快就會被口沫溶化，所以古人在朱砂裏，又滲入適量的動物脂膏，由此製成的唇脂，既具備了防水的性能，又增添了色彩的光澤，且能防止口唇皸裂，因為朱砂的出現，人們也有了「點染朱唇」的習慣。從劉熙的《釋名・釋首飾》成書年代來看，點唇之俗最遲不晚於漢代。這在後來也發展為面妝的又一個重要步驟。女子在妝粉時常常連嘴唇一起敷成白色，然後以唇脂重新點畫唇形。唇厚者可以返薄，口大者可以描小。例如湖南長沙馬王堆漢墓出土木俑的點唇形狀，便十分像一支倒扣的櫻桃。

唇脂自古以來就受到女性的喜愛。這種喜愛的程度可以從《唐書・百官志》31 中看到，書中記：「臘日獻口脂、面脂、頭膏及衣香囊，賜北門學士，口脂盛以碧縷牙筒。」這裏寫到用雕花象牙筒來盛口脂，可見口脂在諸多化妝品中有著多麼珍貴的地位。當時點唇的手法與現代有所不同，點唇雖多以嬌小濃豔為主要特點，卻也變化多端。即「櫻桃小口一點點」，如唐朝詩人岑參在〈醉戲竇美人詩〉中所說：「朱唇一點桃花殷」。他們認為最好看的唇形就是像櫻桃一樣別致和鮮豔，因而女子在點唇時，往往先以鉛粉塗抹整個嘴唇，然後再以唇脂點出嘴唇，來美化自己的唇形。點唇的手法非常之多，光是晚唐三十幾年的時間，點唇的樣式就出現過十多種。有的婦女喜歡用淺絳色點唇，這就是「故著胭脂輕染淡施檀色注歌」。「石榴嬌」、「小紅春」、「露珠兒」等唇紅依然說明當時流行點紅唇，另外還有些人用檀色的口脂。

朱砂做的唇脂通過強烈的顏色差異對比，以塗抹區域的多寡，達到改變唇形的視覺效果。因此成為一種理想的化妝用品，達到了人們心中的鮮豔效果。（圖 1-1-1-7 唇脂）

圖 1-1-1-7 唇脂

（四）黛類

1.青石

據《椿臺記》」記載「魏武帝令官人掃青黛眉連頭眉，一畫連心細長，謂之仙娥妝。」表明了當時的眉毛應該是又長又闊的。畫眉是中國最常見的一種化妝方法，最早出現於戰國時期。屈原在《楚辭・大招》中記：「粉白黛黑，施芳澤只。」、「黛黑」指的就是用黑色畫眉。

廣西貴縣羅泊灣出土的漢代梳篦盒中，也發現了一已粉化的黑色石黛。通俗文云：「染青石謂之點黛。」，「青石」也稱作「石黛」，其在礦物學上屬於「石墨」一類。中國人很早就發現了石墨這種礦物質，古時凡粉質的顏料都叫做「丹」，不專指紅色的丹而言，故石墨也稱作「墨丹」，因其質浮理膩可施於眉，故後又有「畫眉石」的雅號。這是中國的天然墨，在沒有發明煙墨之前，男子用它來寫字，女子則用它來畫眉（圖 1-1-1-8 眉黛）。

圖 1-1-1-8 眉黛

漢代的黛硯在南北各地的墓葬裏常有發現。在江西南昌西漢墓就出土有青石黛硯，江蘇泰州新莊出土過東漢時代的黛硯，上面還黏有黛跡。石黛用時要放在專門的黛硯上磨碾成粉，然後加水調和，塗到眉毛上。後來有了加工後的黛塊，可以直接兌水使用。

漢劉熙《釋名・釋首飾》[3]中寫：「黛，代也，滅眉毛去之，以此畫代其處也」。這裏提到了畫眉須先將原先的眉毛剃掉再用石黛在原來的位置上重新勾畫。這樣的畫眉習慣也使得人們在創作不同的眉形時能夠不受拘束、大膽創作。

2.螺黛

亦名螺子黛，古代婦女用來畫眉的一種青墨色礦物顏料，出自波斯國，每顆值十金，而是產量為高，一般都是宮人所用，民間有錢人才用得起。「妝罷低聲問夫婿，畫眉深淺入時無。」女子畫眉確實容易令人動情。（圖 1-1-1-9 螺黛）

圖 1-1-1-9 螺黛

3　《釋名》作者劉熙，字成國，北海（今山東省壽光、高密一帶）人，生活年代當在桓帝、靈帝之世，曾師從著名經學家鄭玄，獻帝建安中曾避亂至交州，《後漢書》無傳，事蹟不詳。是一部專門探求事物名源的佳作。

3.銅黛

化學名叫碳酸銅，通俗叫法為「銅綠」，墨綠色，這也是畫眉的顏料，極易獲得，噴水在銅表面上，過一段時間就會反應生成銅綠，用刀刮下來就可以使用了，但有微毒。普通人家的女子就用這種畫眉。（圖 1-1-1-10 銅黛）

圖 1-1-1-10 銅黛

4.煙墨

煙墨的製造在魏晉時代已經開始，當時是用漆湮和松煤作為原料，做成的墨稱為「墨丸」，主要用於寫字。而開元盛世則有密髻擁面的特徵。這時候開始用煙墨畫眉，眉形由細長發展到寬粗，有「垂珠眉」、「涵煙眉」、「小山眉」等眉目。

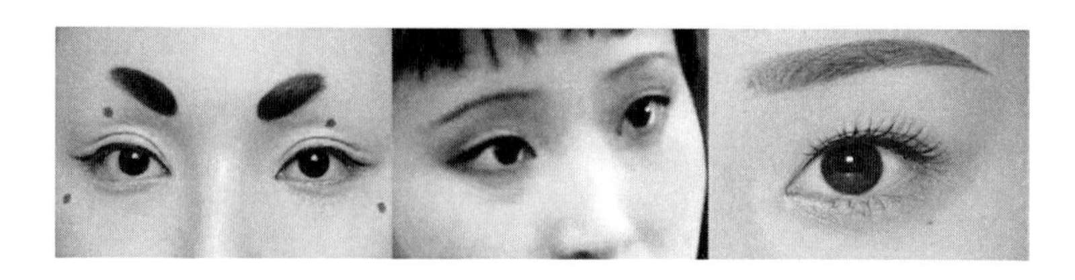

圖 1-1-1-11 從左到右垂珠眉、涵煙眉、小山眉

（五）面飾類

面飾，即黏貼或繪製於面頰上的妝飾，是中國古代女子化妝中很重要的一個門類。其在先秦時就已有雛形。（圖 1-1-1-12 漢代面飾圖）

圖 1-1-1-12 漢代面飾圖

1.花鈿

花鈿，亦稱面花、花子、貼花、媚子，是一類可以黏貼在臉面上的薄型飾物，形狀多樣。它並非用顏料畫出，而是將其剪成花樣貼在額間、鬢角、兩頰、嘴角。大多以彩色光紙、雲母片、昆蟲翅膀、魚骨、魚鰾、絲綢、金箔等為原料，製成圓形、三葉形、菱形、桃形、銅錢形、雙叉形、梅花形、鳥形、雀羽斑形等諸種形狀。當然，也有直接畫於臉面上的，色彩斑斕，十分精美。花鈿，也泛指面部妝飾，在這裏特指飾於眉間額上的妝飾（圖 1-1-1-13 各種花鈿）。

圖 1-1-1-13 各種花鈿

面飾花鈿之俗，在楚時已有之，長沙戰國楚墓出土的彩繪女俑臉上就點有梯形狀的三排圓點，在信陽出土的楚墓彩繪木俑眼皮之上也點有圓點，當是花鈿的濫觴。秦朝「秦始皇好神仙，常令宮人梳仙髻，貼五色花子，畫為雲虎鳳飛升。」說明秦時貼花鈿已開始趨於成俗了。漢承秦制，又受楚文化影響至深，因此，花鈿在漢代也應該有所承襲。

花鈿有紅、綠、黃三種顏色，以紅色為最多。傳說漢武帝的女兒壽陽公主在正月初七那一天，躺在宮殿的屋簷下睡著了，一朵豔麗的梅花緩緩飄下，正落在她的額頭，幾天拂之不去，愈發顯出公主的千嬌百媚。一時間，宮女們爭相仿效，紛紛用顏色在兩眉間染繪出各種圖案，甚至用金屬片貼在眉間作裝飾，這後來就成為盛行的化妝方式之一「花鈿」，魏晉時期女性另一種主要妝容「壽陽落梅妝」由此得名。（圖 1-1-1-14 壽陽落梅妝）

圖 1-1-1-14 壽陽落梅妝

用來剪花鈿的材料，記載中有金箔、紙、魚鱗、魚鰓骨、茶油花餅等多種，剪成後可收藏在狀奩內。最有意思的是，甚至蜻蜓翅膀也能用來做花鈿。化妝時用呵膠將它貼在眉心處。如宋人陶穀所著《濤異錄》[4]上說：「後唐宮人或網獲蜻蜓，愛其翠薄，遂以描金筆塗翅，作小折枝花子。」可見古時婦女的化妝方式不僅豐富，而且富有巧思。

2.花黃

「眉心濃黛直點，額色輕黃細安」，一些婦女從佛像上受到了啟發，也將自己的額頭塗抹成了黃色，這就是額黃妝的由來。如果是用黃色的紙片或者其他的薄片剪成花的樣子，黏貼在額頭上，就成為「花黃」，這是當時婦女比較時髦的裝飾。貼花黃能夠達到提亮的效果。花黃是在額黃的基礎上，把黃色的硬紙或者金箔，剪成各種形狀貼在額頭。這是魏晉南北朝時期婦女比較時髦的裝飾。花木蘭從軍歸來後，「對鏡貼花黃」說的就是這種妝容。（圖 1-1-1-15 額黃妝）

---

[4] 最早完成於五代末至北宋初，是古代中國文言瑣事小說。作為重要筆記，保存了中國文化史和社會史方面的很多重要史料，書中一半以上的條目分別被《辭源》和《漢語大詞典》採錄，其價值可見一斑。

圖 1-1-1-15 額黃妝

3.面靨

面靨原是用來掩飾面頰上的斑痕的，後和貼花鈿都作為婦女面部的裝飾。「面靨」通常以胭脂點染，也有用金箔、翠羽等物黏貼而成。在盛唐以前，「面靨」一般多作成黃豆大小的圓點；盛唐以後，有的形如錢幣，被稱為「錢點」；有的如杏核，被稱為「杏靨」。也有飾以各種花卉的，俗謂「花靨」。晚唐五代以後，婦女「面靨」妝飾之風愈益繁縟，除了施以圓點、花卉之外，還增加了鳥獸圖形，有的甚至還將這種花紋貼得滿臉皆是。（圖 1-1-1-16 面靨）

圖 1-1-1-16 面靨

1.1.2 洗護用品

元代許國楨的《御藥院方》[5]收集大量的宋、金元代的宮廷秘方，其中有180首目美容方，如「御前洗面藥」、「皇后洗面藥」、「烏雲膏」、「玉容膏」等。其中所載「烏鬢借春散」可烏鬢黑髮，「朱砂紅丸子」除黑去皺、令面潔淨白潤。另外，「冬瓜洗面藥」等至今驗之仍具有很好的美容效果。其中還有像今天面膜一樣的系列美容，先用「木者實散」洗面再度以「桃仁膏」塗敷面部，最後再用「玉屑膏」塗貼護膚，這和今天的去死皮、除皺及護膚的三聯程式很相近。對於身體髮膚的養護其實在古代已經習以為常了。

1.面脂

面脂即塗面潤膚的香膏，也可塗唇來保護、滋潤肌膚。漢代的劉熙《釋名·釋首飾》中寫：「脂，砥也。著面柔滑如砥石也。」形容臉上塗上面脂之後，則柔滑如細膩平坦的石頭一般。（圖1-1-2-1 面脂）

圖1-1-2-1 面脂

---

5 《御藥院方》：是著名的元代宮廷醫家許國禎所著。該書以宋金元三朝御藥院所製成方為基礎，進行校勘，修改其錯誤，補充其遺漏，於至元四年（1267）刻板成書。由於該書收集的多是宋金元三代的宮廷秘方，所以能較全面地反映當時宮廷用藥的經驗。不少方劑還是一般方書中所沒有的，因此可謂一部名副其實的宮廷秘方。

漢史游《急就篇》「脂」唐顏師古注曰：「脂謂面脂及唇脂，皆以柔滑膩理也。」脂有唇脂和面脂之分，其實這兩者中的「脂」就是劫物體內或油料植物種子內的油質，並不是後來出現的紅色的胭脂。「唇脂」和「面脂」中都含有動植物的油質來保持黏稠的形狀以及起到持妝的作用，唇脂若今日之口紅，專用以塗唇。用以塗面的為面脂，此時的面脂無色，主要用來防寒潤面。兩者既有聯繫又互相區別，既如上文提及的唇脂多含朱砂來達到上妝的效果，面脂則更多為護膚所用。後來「脂」常常與「粉」字一起使用，也漸漸形成了一個固定稱謂「脂粉」用以泛指中國古代的化妝品。

2.手藥

就是現在的護手霜，防止手皮起皺和開裂，也可以令玉手更加軟滑，據傳效果防皴裂極有效。用豬胰去其脂，用蒿葉在酒中搓揉，再添加白桃人、丁香、藿香、甘松橘核等物，經數道工序而煉成。（圖 1-1-2-2 手藥）

圖 1-1-2-2 手藥

3.澤

澤也稱蘭澤、香澤、芳脂等。是用以塗髮的香膏。漢劉熙《釋名・釋首飾》曰：「香澤，香入髮恒枯悴，以此濡澤之也。」漢史游《急就篇》「膏澤」唐顏師古注曰：「膏澤者，雜聚取眾芳以膏煎之，乃用塗髮使潤澤也」。指以香澤塗髮則可使枯悴的頭髮變得有光澤。漢枚乘《七發》[6]：「蒙酒塵，被蘭澤。」即指此物。後來又衍生出了添加香料的版本——香澤，亦叫郁金油，即現在的潤髮油，能令頭髮更加烏黑靚麗。用雞舌香、藿苜蓿、澤蘭香四種料浸於清酒中，再添加一定比例的麻油和豬油，用火慢煎，最後加點青蒿發色而成。（圖 1-1-2-3 香澤）

圖 1-1-2-3 香澤

4.沐

商周時期的甲骨文中就出現了「沐」字。《說文解字》[7]注釋說：沐，洗面也。用來洗臉的沐便是「淘米水」。同樣為白色。在距今一千多年前，就有了「香湯沐浴」、「月粉妝梳」的描述是為對潔淨的需求。人們將在妝粉裏對白色的追求延續到了

6 《七發》：是漢代辭賦家枚乘的賦作。這是一篇諷諭性作品，賦中假設楚太子有病，吳客前去探望，通過互相問答，構成七大段文字。此賦是漢大賦的發端之作，對後世影響很大，它以主客問答的形式，連寫七件事的結構方式，為後世所沿習，並形成賦中的「七體」。

7 《說文解字》：簡稱《說文》，是由東漢經學家、文字學家許慎編著的語文工具書著作。《說文解字》是中國最早的系統分析漢字字形和考究字源的語文辭書，也是世界上很早的字典之一。

呵護皮膚上，其實這與用來粉飾面部的米粉在成分上並無不同，只不過米粉為研磨後的米粒，「沐」則為水中依舊殘存著米的粉末狀小顆粒。用其中的鹼性成分脫去發垢，洗好以後再施以表澤。

中國古代用於清潔的還有一種含有豬胰臟和草木灰成分的複合洗滌用品——胰子（圖 1-1-2-4 胰子）和以豆子研成的細末作為主料製成細丸狀的澡豆（圖 1-1-2-5 澡豆）。人們通過這些清潔用品的輔助達到潔淨的目的。

圖 1-1-2-4 胰子

圖 1-1-2-5 澡豆

1.1.3 芳香用品

古代的生產勞動一向依賴大自然的饋贈，化妝品赫然在列。尤其是植物獨特的氣味同樣成為人們用來打扮美化自己的對象。在先秦的文學作品，植物作為支撐起古代化妝品半壁江山的存在，在這個時代裏便開始顯現其極具話語權的地位。其形態可直接比喻美人：手如柔荑，膚如凝脂。領如蝤蠐，齒如瓠犀。（《詩經・國風・碩人》）；其氣味可間接作飾物與香料：古人將豐富的自我想像與強大的動手能力讓植物的作用發揮得淋漓盡致。化妝除了在視覺上要有足夠的改變，氣味上同樣要下足功夫，比如在鉛粉中加入檀香，便成為了自帶香氣的檀粉。

三皇五帝時，古人對植物的顏色、氣味以及簡單功效做了相應研究，只是迫於條件限制，這種研究還比較膚淺。秦代時期，人們開始用口含香、身佩香的兩種常見方式來使自身散發香味。為此他們還發掘了一系列新的香草，蘭、蕙、荃、芷、江離、杜衡、芙蓉、椒、桂等都是當時常見的香料，如今這些香料也都有藥材、調味品等多種用途。早在戰國時期，中國偉大的愛國詩人屈原[8]就曾在他的作品《離騷》、《遠遊》等作品裏都提到了蘭、芷、桂等一系列香草，這些香草不僅能作為配飾，更寓意著美好。從美妝歷史看，芳香用品也是美妝史上不可或缺的重要一部分。（圖 1-1-3-1 焚香）

圖 1-1-3-1 焚香

熏香的存在滿足了人們步步生香的美好幻想。魏晉的熏香是進口貨，主要來自於「安息諸國」，這種進口貨有經久不散的奇香，是當時士人居家旅行的必備良品。曹操曾經下令禁止過燒香、熏香，但這一紙文書絲毫阻擋不了潮流的發展。

8　屈原（約西元前 340—前 278 年），羋姓，屈氏，名平，字原，又自云名正則，字靈均，戰國時期楚國詩人、政治家。是中國歷史上一位偉大的愛國詩人，中國浪漫主義文學的奠基人，《楚辭》的創立者和代表作家，開闢了「香草美人」的傳統，被譽為「楚辭之祖」。

在馬王堆[9]一號漢墓中就出土了眾多的香料，今天可以辨認出來的有花椒、桂、茅香、高良薑、薑、辛夷、杜衡、槁本、佩蘭等十餘種，這些香料分別盛放在草藥袋、香囊、枕頭、妝奩和熏爐中，為我們研究漢代的用香習俗提供了非常寶貴的實物資料。從一號墓出土香料看，西漢初期貴族所使用的香料都為國產的香草，比較常見，並無名貴香藥。因為它們是直接採自植物，故稱為天然香料。這些香草風乾後縫於香囊中佩戴尚可，用於焚燒的話，燒出來的煙並不會很香。東漢大臣應劭年老口臭，皇帝賜他雞舌香，含在嘴裏起到清新口氣的作用，後來三省郎官含著雞舌香奏事就成了慣例。（圖 1-1-3-2 雞舌香）後來還有沈麝一物，用麝香製作的一種物品，用於含在口中，十分昂貴稀少。（圖 1-1-3-2 沈麝）

圖 1-1-3-2 雞舌香

9 馬王堆：位於湖南省長沙市芙蓉區東郊四千米處的瀏陽河旁的馬王堆鄉，是西漢初期長沙國丞相、軑侯利蒼的家族墓地。馬王堆漢墓的發現，為研究漢代初期埋葬制度、手工業和科技的發展及長沙國的歷史、文化和社會生活等方面提供了重要資料。

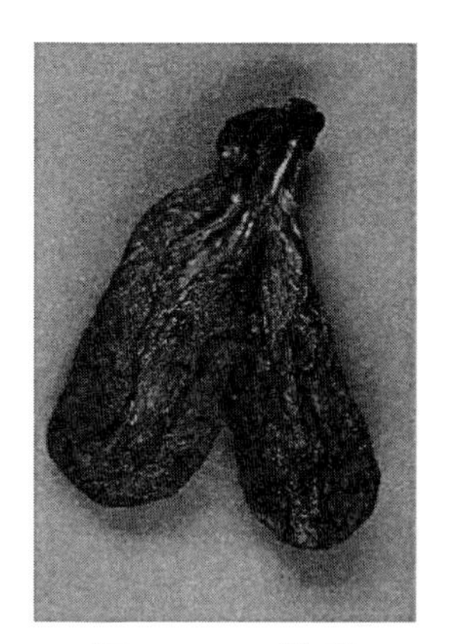

圖 1-1-3-3 沈麝

漢武帝時期，在通西域、平南越之後，才打通陸上的絲綢之路，開闢了南方的海上交通。在用香上則開始出現了可供焚燒的異域香料，如乳香、沉香、檀香、鬱金香、蘇合香等，這些香料多為熱帶產物，不產於黃河流域和長江流域。例如產自越南的交趾如蟬蠶形，是當地老龍腦樹節上所生之物，皇宮中稱為瑞龍腦，納於身上，香氣在十步之外就可聞到，楊貴妃常佩此物。（圖 1-1-3-4 交趾）「薄霧濃雲愁永畫，瑞腦消金獸。」中的「瑞腦」說的就是此物。沉水香產自交趾一帶的沉香樹，因其木心堅實，投入水中即下沉，故稱沉水香，是香材中的最上品級，古代權貴經常裝於香囊中。

圖 1-1-3-4 交趾

古代中國和世界取得較為廣泛的聯繫後，香料貿易也從這時起才提到日程上來。隨著香料品種的增多，人們已開始研究各種香料的作用和特點，並利用多種香料的配伍調合製造出特有的香氣，於是出現了「香方」的概念，即指由多種香料依香方調和而成的「合香」。從天然香料演進到合成香料，這是用香方式的重要進展。

香料不僅可以芳香身體，使人未見其面，便可先嗅其香，起到一種妝容服飾所無法達到的神秘、誘人之效。而且香料還有著驅蚊除穢、鎮靜安神、殺菌消毒等保健的功效。在妝飾文化中，對香的運用是一個很重要的部分。除了直接使用自帶香氣的植物進行佩戴，古代的化妝品，也廣泛使用「香」來調和氣味。面脂口脂也稱「香脂」，洗髮之露稱為「香澤」（圖 1-1-3-5 香澤罐），妝面之粉稱為「香粉」，而盛放梳刷鏡篦、胭脂油粉的梳妝奩，又被稱之為「香奩」，香料與化妝品是密不可分的。（圖 1-1-3-6 香料）

圖 1-1-3-5 香澤罐

圖 1-1-3-6 香料

1.2 中國古代面部著妝步驟一觀

伴隨著化妝品的出現，輔助化妝品產生作用的化妝工具也並沒有缺席，例如塗抹妝粉用的粉撲就是以絲綢之類的軟性材料製成（圖 1-2-1 古時粉撲），畫眉用的工具是篦。魏晉時期銅鏡（圖 1-2-2 銅鏡）已經很普及，鐵鏡也開始出現（圖 1-2-3 鐵鏡）。南朝庾信有詩「玉匣聊開鏡，輕灰暫拭塵」，這一時期已經有裝載在玉盒子裏、可以隨身攜帶的小鏡子。同時，魏晉士族的生活十分小資精緻，他們在鏡子上刻了大量神獸、花飾等紋飾，讓鏡子更加美觀。鏡子見證了千嬌百媚的妝容誕生，也記錄著改變視覺效果的過程。

圖 1-2-1 古時粉撲

圖 1-2-2 銅鏡

圖 1-2-3 鐵鏡

考古學家在河南安陽殷墟出土的商代宮廷貴族女子的生活用具中，除了梳子、銅鏡、耳勺、匕等之外還出現了一套研磨朱砂用的玉石杵及調色盤似的物品，上面都黏有朱砂。由此可以推斷出：在夏商周時期，中國不僅出現了化妝品還製造出了用於輔助的化妝工具，中國古代早期的化妝習俗便可追溯到西元前一千多年前的時候。

戰國《韓非子・顯學》中記載了「故善毛，西施之類，無益吾面，用脂澤粉黛，則位其初，脂以染唇，澤以染髮，粉以敷面，黛以畫眉。」上述記述，證明 2000 多年前中國已經應用了潤髮、護髮、施脂以及口紅等一系列美容化妝術。

縱觀各朝代的化妝步驟，除去化妝品的差異，化妝過程中的每一步都以極為相似的原理和操作對我們現代人來說並不陌生，妝容生產的一整套系統其實也在漫長的演變中偶有變化卻少有顛覆。一觀唐代的面部著妝步驟便可分明。

1.2.1 敷鉛粉

取少量擦於面部，塗勻，可以使整個面部看上去更加白皙、柔嫩、光滑，沒有雜質，即使臉上有一些斑痕，也可以達到掩飾的效果。用途跟現在的 BB 霜或遮瑕粉差不多。

1.2.2 抹胭脂

抹胭脂在唐代可以說是最常見的美容內容，一方面是因為胭脂已經有了相當長一段時間的歷史。自從漢代被張騫引入之後，一直受到女子的青睞，另一方面，製作胭脂的工藝越來越好，到隋唐兩代的時候，胭脂已經成了女子化妝必不可少的化妝品了。

唐代女子塗抹胭脂都非常厚，史書記載，楊貴妃到了夏天所流的汗都是紅色的，可見她所抹胭脂的厚度之多。詩人王建在他的〈宮詞〉中曾用「金盆水裏潑紅」描寫過這樣一個場景：一位宮女在洗漱完畢之後，臉盆中的水就像多了一層紅色的泥漿。

1.2.3 畫黛眉

黛眉就是描眉，眉毛的形狀有柳葉眉、吊梢眉等，主要是青色或黑色。描上去更加嫵媚、誘人。唐代婦女還很注重眉形的設計。各種眉形都是將原有眉毛拔去，而後再繪製成的。眼眉處用青色的顏料繪出各種樣式，統稱黛眉。盛唐婦女盛行到了盛唐時期，流行闊眉，把眉毛畫得闊而短、形如桂葉或蛾翅，也稱桂葉眉。或者用黛色淡散暈染，將眉毛畫得短而闊，略成八字形。元稹詩云「莫畫長眉畫短眉」，李賀詩中也說「新桂如蛾眉」。

為了使闊眉畫得不顯得呆板，婦女們又在畫眉時將眉毛邊緣處的顏色向外均勻地暈散，稱其為「暈眉」。還有一種是把眉毛畫得很細，稱為「細眉」，故白居易在〈上陽白髮人〉中有「青黛點眉眉細長」之句，在〈長恨歌〉[10]中還形容道：「芙蓉如面柳如眉」。到了唐玄宗時畫眉的形式更是多姿多彩，〈中華古今注〉中說楊貴妃「作白妝黑眉」，當時的人將此認作新的化妝方式，稱其為「新妝」。難怪徐凝在詩中描寫道：「一旦新妝拋舊樣，六宮爭畫黑煙眉」。這一時期名見經傳的就有十種眉：鴛鴦眉、小山眉、五眉、三峰眉、垂珠眉、月眉、分梢眉、涵煙眉、拂煙眉、倒暈眉。

10　〈長恨歌〉是唐代詩人白居易的一首長篇敘事詩。全詩形象地敘述了唐玄宗與楊貴妃的愛情悲劇。

1.2.4 貼花鈿

「春陰撲翠鈿」、「眉間翠鈿深」、「鵝黃剪出小花鈿」等詩句都是對唐代婦女貼花鈿的描寫。花鈿施於眉心，形狀多樣。唐代花鈿的顏色主要有紅、黃、綠三種，紅色是最常見的。花鈿的形狀種類繁多，有桃形、梅花形、寶相花形、月形、圓形、三角形、錐形、石榴花形、三葉形以及各式花鳥蟲魚等 30 多種。

從唐代大致的四步著妝可以感受到，著妝的步驟雖簡潔明瞭，但變幻莫測的著妝設計和組合讓妝容流行有了生長空間和更多的可能性。

1.3 中國古代妝容流行趨勢

1.3.1 清白之年：夏商周時期（西元前 21 世紀至西元前 221 年）

夏朝——文明時代的開端。它的建立標誌著原始社會的部落聯盟轉變為中國早期國家，以此為起點的夏商周時期也將是我們展開對中國古代妝容發展歷史展開討論的始發點。

（一）初具雛形

周代產生了完備的冠服制度[11]，周代開始可以說開闢了中國化妝史一個嶄新的紀元。在周代的冠服制度的影響下，古代對於外表的修飾開始有了系統化發展的雛形，從某種意義上來說中國

---

[11] 冠服制度：冠服制度初步建立於夏商時期，到周代逐步完善，春秋戰國之交被納入禮治。表現在貴賤有等、衣服有別。

化妝史從這一時期才算真正開始。眉妝、唇妝、面妝及一系列的化妝品，諸如妝粉、面脂、唇脂、香澤、眉黛等都已出現，均可在文獻中找到明確的記載。《楚辭・大招》[12]中對舞女的唇色（朱唇）、眉色（黛黑、青色）、眉形（蛾眉、曲眉、直眉）、面色（粉白、朱顏）及塗髮的香膏、芳澤等都作了生動的描繪。而宋玉在〈登徒子好色賦〉中描繪了當時楚地良家業女的形象（圖 1-3-1-1 楚女風姿）。可見楚地當時已有著粉、施朱的習俗是確鑿無疑的。中國社會就出現了崇尚婦女唇美的妝唇習俗，如戰國楚宋玉〈神女賦〉[13]：「眉聯娟以娥揚兮，朱唇的其若丹。」以讚賞女性之唇色如丹砂，紅潤而鮮明。

圖 1-3-1-1 楚女風姿

（二）對剛健素樸、自然清麗的嚮往

總體來說，這個時期的化妝風格屬於質樸的「素妝時代」，

---

[12] 《楚辭・大招》：戰國時代以屈原為代表的楚國人創作的詩歌，相傳為屈原所作。王夫之解題云：「此篇亦招魂之辭。略言魂而系之以大，蓋亦因宋玉之作而廣之。」後用以泛指招魂或悼念之辭。

[13] 《神女賦》是古風純愛代表作家伊雪楓葉三生三世山海經系列小說的第二部，取材於楚辭名家宋玉經典〈神女賦〉和先秦古籍《山海經》。主要講述了神族女祭司妖姬和魔族戰神子淵和神族二皇子寂墨之間三生三世的愛恨糾葛故事。

以粉白黛黑的素妝為主流（圖 1-3-1-2 畫眉眼始於商周），《淮南子》[14]裏有「漆不厭墨，粉不厭白」的說法，漆器的外觀要求是越黑越好，而對粉的則用顏色上極致的白作為生產標準，以白粉塗在肌膚上，使潔白柔嫩，表現青春美感，成就一代「白妝」粉妝的目的便在此。人們對容顏上的修飾是往「人之初」的自然樣貌上靠近，是未經歲月磋磨的青澀面龐、是不曾風吹日曬的潔淨模樣。

圖 1-3-1-2 畫眉眼始於商周

1.3.2 粉墨登場：秦漢時期（西元前 221 年至西元 220 年）

作為第一個大一統時期，秦代在中國歷史上具有著劃時代的意義，但是剛剛統一的秦國，實行了法家的嚴刑峻法，把法家的功利主義與專制主義結合在一起，使得人民生活在極其殘酷的壓迫之下。因為各種社會制度尚處於建立當中且苛刑嚴重，老百姓

[14] 《淮南子》相傳是由西漢皇族淮南王劉安主持撰寫，故而得名。該書在繼承先秦道家思想的基礎上，綜合了諸子百家學說中的精華部分，對後世研究秦漢時期文化起到了不可替代的作用。

都忙於勞作，並沒有太多時間來關注自身的妝容與美麗。僅僅十幾年的秦王朝在傳承夏商周時期的美妝內容之後，除了在生產上有了一定的規範化，在創新方面並沒有實質性的突破。

實現大一統的秦朝，將封建集權專制發揮到了極致。從傾舉國之力修築秦長城上看，此時號令百姓集體勞作、大量出產成為主要的生產方式，這也包括美妝產品在內的生產。但美妝產品的規模化發展，一定程度上只是為了滿足達官貴人對於美妝的需求。同時，大量的美妝產品的存在也促進了一系列用來貯存美妝產品的器具在批量規模化生產下誕生。

《事物紀原》中「周文王時女人始敷鉛粉」來佐證鉛粉使用的緣起這句話的後半句「秦始皇宮中，悉紅妝翠眉」便直接提及秦宮中偏愛紅妝打扮的習慣，與前朝的素面白妝形成鮮明的對比。

短暫的秦王朝過後步入了兩漢時期，隨著社會經濟的高度發展和審美意識的提高，化妝的習俗得到新的發展，無論是貴族還是平民階層的女性都會注重自身的容顏裝飾。科學技術的發展與陸上海上絲路的開通，也使得化妝品的製作工藝得到長足進展。

史籍記載，張騫第一次出使西域是在漢武帝時（大約是西元前 138-126 年間），途經陝西一帶，該地有焉支山，盛產可作胭脂原料的植物——紅藍草，當時為匈奴屬地，匈奴婦女都用此物作紅妝。當「焉支」這一詞語隨「紅藍」東傳入漢民族時，實際上含有雙重意義：既是山名，又是紅藍這一植物的代稱，由於是胡語，後來還形成多種寫法，例如：南北朝時寫作「燕支」；至隋唐又作「燕脂」；後人逐漸簡寫成「胭脂」。

另外，西漢初期的長沙馬王堆一號漢墓中，便出土有兩個保存完好的妝奩，其中共放有大大小小九個盛放各種化妝品的小奩。其具體配方和用途目前雖然暫時無法考證。但內中化妝品的質地有粉狀的、油狀的和塊狀的。化妝品品種全面，脂澤粉黛，一應俱全，基本上涵蓋了化妝品的所有主要門類。可見在兩漢時期，化妝品的使用開始變得常見，也因為加強了不同地區的貿易與文化交流，化妝品的原料和種類也變得豐富起來。

秦朝的女子偏好橘色系的妝容，眼部的著妝也呈現明顯的丹鳳眼型。更多的是製造出豔麗的妝感來凸顯出秦女豪放的個性特徵。（圖 1-3-2-1 秦女子肖像）

圖 1-3-2-1 秦女子肖像

漢代由於化妝品製作技術的成熟與對女性美觀念的轉變，使得妝型大大豐富，這也是中國古代化妝史從先秦的素妝時代步入後世的彩妝時代的重要轉折期。

（一）開闢了中國畫眉史上的第一個高潮

兩漢時期的主流妝容發展可以說是上承先秦列國之俗，下開魏晉隋唐之風，這其中最值得一提的是漢代眉妝可以說是開闢了

中國畫眉史上的第一個高潮。（圖 1-3-2-2 漢代眉毛造型）

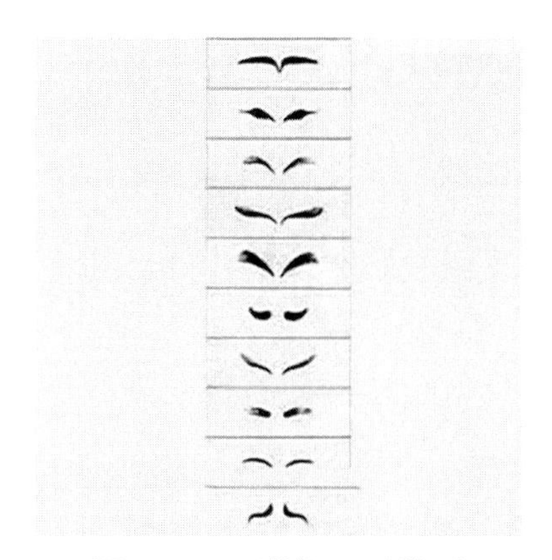

圖 1-3-2-2 漢代眉毛造型

漢王朝時，湧現出了很多致力於修眉藝術的帝王與文人。在西漢以漢武帝為藝術的帝王與文人。在西漢以漢武帝為首，《二儀實錄》[15]說他：「令宮人掃八字眉」。在東漢則以明帝為魁，史稱「明帝宮人，拂青黛蛾眉」。有了帝王的提倡，普通士庶自然也跟著對女子的妝飾重視起來。著名的張敞畫眉的故事就發生在這個時期。據《漢書・張敞傳》載：「敞為京兆……又為婦畫眉。長安中傳張京兆眉嫵。」與他有隙者向漢宣帝告密，宣帝召見並責問他，張敞答「臣聞閨房之內，夫婦之私，有過於畫眉」，宣帝很滿意。從此這就成為流傳久遠的夫妻恩愛典故。

另一位漢代的大才子司馬相如也是一位「眉癡」。《西京雜記》說：「司馬相如妻卓文君，眉如遠山，時人效之，畫遠山眉。」（一本作「卓文君姣好，眉色如望遠山」）。這正所謂佳

---

15 《二儀實錄》以為「秦漢間始有，陳梁間貴賤通服之。隋文帝宮中者，多與流俗不同」。此書記載史事常多以意附會，不可盡信，惟談及染纈在六朝流行，隋代宮中亦重視，還不太荒謬。染纈盛行於唐代，技求也成熟於唐代。

人才子，相得益彰了。後來漢成帝的愛妃趙飛燕，讓她的妹妹趙合德也仿照文君「為薄眉，號遠山黛」。可見修眉的風氣的確盛行於兩漢。

漢代流行於貴族女子之中的眉妝，除了以上所提到的八字眉、遠山眉和蛾眉之外，當屬長眉最為流行了。長眉是在蛾眉的基礎上變化而來的，它的特點是纖巧細長。馬王堆漢墓出土木俑臉上即是長眉入鬢。除長眉外，漢代婦女也曾畫過闊眉（又稱「廣眉」、「大眉」），據說這種風氣首先出自長安城內，後傳遍各地。謝承的《後漢書》裏就載有：「城中好廣眉，四方畫半額」的俗語，甚至「女幼不能畫眉，狼藉而闊耳」。在文人作品中也有這類描述。如司馬相如的〈上林賦〉：「若夫青琴宓妃之徒……靚妝刻飾……長眉聯娟」。吳均〈與柳惲酬答詩〉中的「纖腰曳廣袖，半額畫長蛾」，都是對長眉的描寫。由此可見，恢宏壯美的漢文化表現在眉妝上也同樣是大氣磅礴。從廣州郊區漢墓出文物中的女樂形象上便可以看到這種眉式，頗有特色的是兩邊的女樂眉形還不一邊高。前面提到的八字眉便是在長眉的基礎上進一步演變而來的，因眉頭抬高而眉梢部分壓低，形似「八」字而得名。湖北雲夢西漢墓出土的木俑即作此式。

漢代還流行過一種驚翠眉，但很快被梁冀之妻發明的「愁眉」取代了。愁眉脫胎於「八」字眉，眉梢上勾，眉形細而曲折，色彩濃重，與自然眉形相差效大，因此需要剃去眉毛，畫上雙眉。《後漢書．梁冀傳》言：「（冀妻孫）壽色美而善為妖態，作愁眉啼妝、墮馬髻、折腰步，齲齒笑，以為媚惑。」（這裏的啼妝指的是以油膏薄拭目下，如啼泣之狀的一種妝式，流行於東漢時期，是中國古代少有的幾種眼妝之一。）此舉影響很大。

關於漢代女子妝眉的方法，除了描畫之外，還需要借助工具修飾。漢劉熙《釋名・釋首飾》：「黛，代也，滅眉毛去之，以此畫代其處也」。即古人畫眉是先拔去眉毛，然後再描畫上去的。在馬王堆一號漢墓中的五子漆奩中就發現有一把角質鑷，長 17.2 釐米。鑷片可以隨意取下和裝上，柄製作精細，並刻有幾何紋飾。但是，古代女子也並不都是先拔去眉再畫之的，只是畫一些特殊造型的眉時，才不得已拔去，和現代人其實是一樣。東漢時期漢明帝的明德馬皇后端莊秀麗，《東觀漢記》[16]中記載：「她眉不施黛，獨左眉角小缺，補之如粟。」可見，也有很多女性是崇尚眉型的自然美的。

（二）多元包容的化妝觀念

在面妝方面，由於紅藍花的引進，使胭脂的使用日益普及，婦女們一改周時的素妝之風，而開始盛行各式各樣的紅妝。在眉妝方面，因為畫眉先滅眉的習慣，一掃周代單調的纖纖峨眉妝（圖 1-3-2-3 峨眉妝），也不似秦朝眉心濃、眉頭和眉尾淡的一點眉，而是創造出了許多頗為「大氣磅礡」和「以為媚惑」的眉式。

漢時婦女頰紅，濃者明麗嬌研，淡者幽雅動人。依敷色深淺，範圍大小，妝制不一，產生出各種妝名。「慵來妝」，襯倦慵之美，薄施朱粉，淺畫雙眉，鬢髮蓬鬆而捲曲，給人以慵困倦怠之感，相傳始於漢武帝時，為武帝之妃趙合德創。漢伶玄《趙飛燕外傳》：「合德新沐，膏九曲沉水香。為捲髮，號新髻；為

16　《東觀漢記》：是一部記載東漢光武帝至漢靈帝一段歷史的紀傳體史書，因官府於東觀設館修史而得名，它經過幾代人的修撰才最後成書。

薄眉，號遠山黛；施小朱，號慵來妝。」再如「紅粉妝」，顧名思義，即以胭脂、紅粉塗染面頰。漢代《古詩十九首》之二便寫道：「娥娥紅粉妝，纖纖出素手。」其俗歷代相襲，經久不衰。再加上化妝風俗的趨於成熟，那時的妝型，已出現了不同樣式，漢桓帝時，大樑冀的妻子孫壽便是以擅長打扮聞名。她的儀容妝飾新奇嫵媚，使得當時婦女爭相模仿。而化妝品也豐富了很多。這些客觀條件都能夠滿足漢代對美的一種無拘無束的追求。

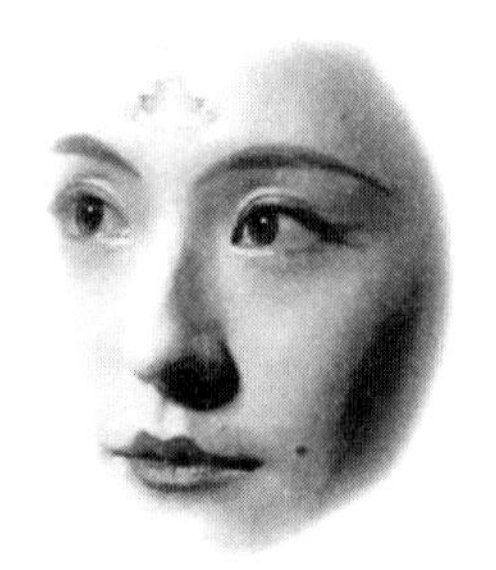

圖 1-3-2-3 峨眉妝

化妝自古並不只是女人的專利，男子也有化妝，只是不似女子般繁複齊全而已。自漢以後至魏晉、隋唐，屢屢出現的男子塗脂敷粉的現象，既表明了化妝術的日益普及，也表明了這一時期人們對美的一種寬容之心。

漢朝時，不但女子敷粉，男子亦然。《漢書・廣川惠王劉越傳》：「前畫工畫望卿舍，望卿袒裼敷粉其旁。」《漢書・佞幸傳》中載有：「孝惠時，郎侍中皆冠鵔鸃、貝帶、敷脂粉。」《後漢書・李固傳》中也載有：「順帝時諸所除官，多不以次，及固在事，奏免百餘人。此等既怨，又希望冀旨，遂共作文章虛誣固罪曰：『……大行在殯，路人掩涕，固獨胡粉飾貌，搔頭弄姿，槃旋偃仰，從容冶步，曾無慘怛傷悴之心。』」這雖是誣衊之詞。但據濃德符《萬曆野獲編》所記：「若士人則惟漢之李固，胡粉飾面。」可見，李固[17]喜敷粉當屬實情。也可看出當時男子確有敷粉之習尚。

從審美風格上看，漢代的妝型主要還是以柔和典雅為美。

1.3.3 時異事殊：魏晉南北朝時期（西元 220 年至西元 581 年）

魏晉南北朝時期，各民族經濟文化交流融匯，加上世俗習風也經歷了一個由質樸灑脫到萎靡綺麗的變化後逐漸開始有了更多的思考，呈現多樣化的傾向。化妝也越來越普遍，上至王公貴族，下至普通百姓，「手持粉白，口習清言，綽約嫣然，動相誇飾」，幾乎人人如此。化妝也不再是女性的專利，魏晉時期的男性同樣在美妝領域擁有一席之地。尤其是當時極富影響力的魏晉名士們也開始沉迷在各種各樣的化妝品中，在追求美的道路上越走越遠，也讓魏晉名士們在歷史上留下了一抹令人難忘的風韻。

（一）流行趨勢的承襲與過渡

現代人有一系列化妝品，古人雖然條件不夠，但化妝品還是不少。整體而言，魏晉南北朝時期，女性的面部裝扮在色彩運用方面比以前更加大膽，妝態的形態變化也很大，而且女性以瘦弱

---

[17] 李固（94 年－147 年），字子堅。漢中郡城固縣（今陝西省漢中市城固縣） 人。東漢中期名臣，司徒李郃之子。年輕時便博覽古今、學識淵博，屢次不受辟命。後被大將軍梁商任命為從事中郎，後任荊州刺史、太山太守，成功平息兩地的叛亂，之後對朝廷屢有諫言，頗有裨益。歷任將作大匠、大司農、太尉，漢順帝駕崩後為梁皇后所倚重，但受到梁冀的忌恨。值帝駕崩後，與梁冀爭辯，不肯立劉志（即漢桓帝）為帝，最後遭梁冀誣告殺害。
（https://baike.baidu.com/item/%E6%9D%8E%E5%9B%BA/24643?fr=aladdin）

為美。

這時期婦女的髮型以各種髻為主，如百花髻、富榮歸雲髻、富人家的婦女插戴金、玉、玳瑁、珍寶等製成的簪釵，而鮮花都受各階層歡迎。這時期妝態沒有太多變化，主要有飛霞妝、酒暈妝、桃花妝（圖 1-3-3-1 從左往右飛霞妝、酒暈妝、桃花妝）。還有一種特殊妝式稱為「紫妝」。《中華古今注》記載魏文帝所寵愛的宮女中有一名叫段巧笑的宮女，時常「錦衣系履，作紫粉拂面」，當時這種妝法尚屬少見，但可以看出古代紫色為華貴象徵的審美意識。

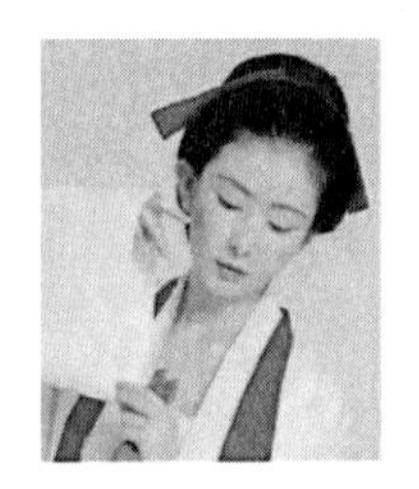

圖 1-3-3-1 從左往右飛霞妝、酒暈妝、桃花妝

和現代女性單純地在臉上塗抹一些護膚品不同，古代女子似乎更加注重和講究通過化妝增添臉部的美感，她們經常在臉部描繪一些花卉圖案，更時尚的人甚至還將金珀、翠珠黏貼在臉上，顯示自己與眾不同。古代女子接受新鮮事物的速度並不遜於今日女子，故而每當一種新異的裝扮出現，人們便競相效仿，新的妝容也借此得以推廣。[18]

---

[18] 引述自 https://www.jianshu.com/p/a5880f70e76e

（二）對美的大膽追求

化妝，常常被認為是女性的專利，而在魏晉時期，出現了男子化妝的潮流。

魏晉風流令無數後人心馳神往，但是不得不說，這種風流也影響了人們要求極高的外在審美標準。魏晉時期，除了出生和才幹被重視外，一個人最被看中的就是長相。這也催生了魏晉時代是有著美男子這樣一個特殊群體的現象出現，造就了一個男性同樣在追求外在美上留下濃墨重彩的時代。（圖 1-3-3-2 魏晉時代的美男子）

圖 1-3-3-2 魏晉時代的美男子

其實從東漢開始，就有男子喜好化妝的小火苗蠢蠢欲動了。最先冒頭的是東漢李固，作為典型的東漢士大夫文人，在他所生活的時代他的這一喜好卻常常被詬病為「胡粉飾貌，搔頭弄姿」，但卻阻擋不了這種行為被士子爭先模仿的熱情，直到在魏晉時期男子化妝的勢態愈發不可收拾。

曹魏時代，男子化妝成了潮流。曹植極其喜歡敷粉，見名士之前要「取水自澡訖，敷粉」；曹操的養子何晏更是敷粉界的扛把子，他「動靜粉白不去手」，隨時隨地都要補妝美容，行步之間顧影自憐，而且還「好婦人之服」。

曹植、何晏二人擁有曹魏時代的盛世美顏，同時對粉有狂熱的喜好，堪稱偶像派。除此二人外，還有被稱作「玉樹」的夏侯玄、「風姿特秀」的嵇康等等。

西晉時期，美男子大受追捧，最受歡迎的要屬潘安和衛玠。潘安「妙有姿容」，相傳，每次出門都會被良家少女攔在路上好好欣賞不讓走。潘安還喜歡和好朋友、另一個美男子夏侯湛一起出門，「有美容……時人謂之『連璧』」；衛玠則是西晉版林黛玉，被稱作是「珠玉」，但他身體很不好。

由於長得太美，出門的時候觀者如牆，人潮擁擠，衛玠回去就生了場大病死了。除二人外，還有「容貌整麗」的王衍、號稱「玉人」的裴楷等等。

東晉時期，名士們繼承了西晉時代的審美標準。王羲之就是其中的典型代表，他本人「飄如遊雲，矯若驚龍」的美男子，他對另一位美男子的評價是「面如凝脂，眼如點漆，此神仙中人」。不難看出，王羲之對男人和女人的審美標準是一致的。除王羲之外，還有「有美形」的王恬、「如春月柳」的王恭等等。

魏晉時代盛產美男子，這一時期對男性的審美標準就是偏女性化，男性長得白才算好看，當時的美男子幾乎都被評價為「玉人」。這些「玉人」往往能官運亨通，無往不利，比如「丰姿神貌」的庾亮就因為顏值高讓陶侃一見傾心。

魏晉這種審美一直延續到南北朝，南北朝時期的美如婦人的韓子高、龍陽之姿的慕容超、容貌俊美的高長恭、風流倜儻的獨孤信等等都是這種審美標準下的著名美男子。

其實在南北朝之後，這種審美標準依然被繼承，比如隋唐五代時期男子喜歡「為婦人之飾」、宋代男子喜歡頭上簪花等等，不過從隋唐開始胡人豪放的血液融入中原，國人也在追求美的同時保留著至剛至大的浩然正氣。[19]

1.3.4 多元包容：隋唐五代時期（西元 581 年至西元 960 年）

唐代是中國政治、經濟高速發達，文化藝術繁榮昌盛，封建文化燦爛輝煌的偉大時代。唐女子的妝容更是別出心裁。

隋唐五代是中國古代史上最重要的一個時期，其中唐朝更是中國歷史上最輝煌的一個時代。唐朝的女性社會地位提高，是中國歷史上女權最高的一個朝代，也難怪會出現中國歷史上唯一的女皇帝武則天。

例如隋唐時期（尤其在唐代）婦女對頭部的化妝十分重視，髮式和髮髻式樣的變化多式多樣，頭上插戴簪釵金葉銀篦珠玉寶石及鮮花，既承襲前代遺風，又有刻意創新，可謂豐富多彩。初唐時期髮型主要有「回鶻髻」、「半翻髻」。（圖 1-3-4-1 從左到右三白妝、回鶻髻、半翻髻）

圖 1-3-4-1 從左到右三白妝、回鶻髻、半翻髻

---

19 引述自 http://k.sina.com.cn/article_1928056722_72ebcf9202700bltd.html

（一）豐富多彩的著妝設計

隋代婦女的妝扮比較樸素，不像魏晉南北朝有較多變化的式樣，更不如唐朝的多姿多彩。唐朝國勢強盛，經濟繁榮，社會風氣開放，婦女盛行追求時髦。女子著妝較自由，開放式的化妝風格也是審美趨向的構成部分。無論是宮妓還是私妓，這些女子都是濃妝豔抹，著意修飾。化妝品種類上也史無前例的多樣化，妝造設計也有了更多的巧思，中唐以後曾流行過一種袒頸部、胸部也都擦白粉，起到美化的妝飾作用。臉部所擦的粉除了塗白色被稱為「白妝」外，甚至還有塗成紅褐色被稱為「赭面」的。赭面[20]的風俗出自吐蕃（即藏族的祖先）貞觀以後，伴隨唐朝的和蕃政策，兩民族之間的文化交流不斷擴大，赭面的妝式也傳入漢族，並以其奇特引起婦女的仿效，還曾經盛行一時。（圖 1-3-4-2 傳入漢朝的赭面形式）

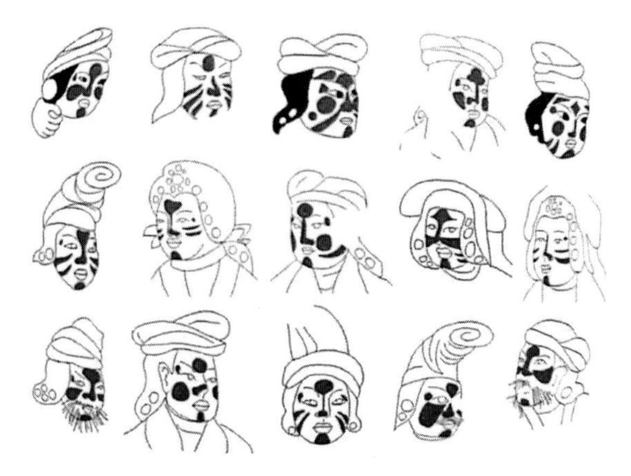

圖 1-3-4-2 傳入漢朝的赭面形式

---

[20] 關於「赭面」的漢文記載，最早見於新舊兩《唐書》。當時文成公主進藏之後，「公主惡其人赭面」，於是松贊干布便「另國中權且罷之」。說明，吐蕃當時的確「赭面」之風盛行。

（二）規模化的生產製造

安史之亂楊貴妃死後，傳說有一種具有美容功效的粉叫作「楊妃粉」，膩滑光潔，很適合女子使用，具有潤澤肌膚的美容功效。這種粉產於四川馬嵬坡上，去取用這種粉的人必須先祭拜一番。很明顯，這和楊貴妃死於馬嵬坡的故事有密切的關聯。故宮博物館藏有唐代銀製花鳥粉盒，非常精美，距今已一千多年，說明當時不但實用粉，而且有了高級盛裝飾品的容器。唐代貴族使用的護膚化妝品豐富多彩，常用的有口脂、面脂、手膏、香藥等。每年的臘日（臘月初八）這一天，皇帝都要向身邊要臣賞賜些物品。玄宗時著名宰相張九齡就得到過這種賞賜，為此他感恩不盡，呈上謝賜香藥面脂，以表謝意。

除了個別名貴、稀少的品種外，大部分化妝品在唐代已經形成產業化，工藝成熟，有專門種花、種香料的農戶，也有專門生產化妝品的作坊。在這個階段的美容特點是：初步形成了獨立的學科，初具規模，概括了現代美容的許多基本知識和內容。（圖1-3-4-3 從左到右石榴嬌、紅春、露珠兒）

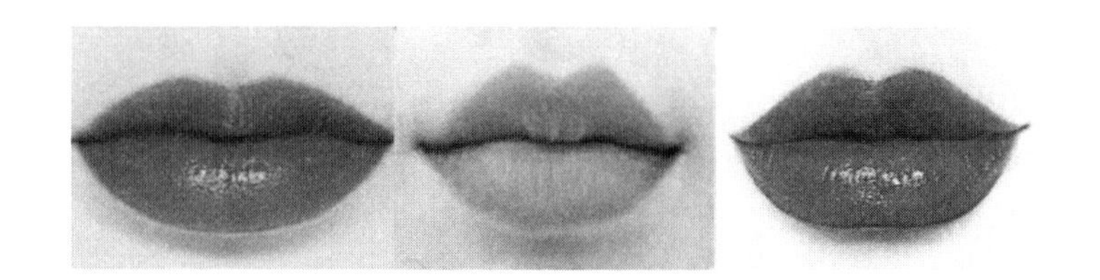

圖 1-3-4-3 從左到右石榴嬌、紅春、露珠兒

1.3.5 文化碰撞：宋遼金元時期（西元 960 年至西元 1368 年）

宋朝建立之後，經濟有所發展，美學思想也有了和以前不一

樣的變化，在繪畫、詩文方面力求有韻，用簡單平淡的形式表現綺麗豐富的內容，造成一種回蕩無窮的韻味，配上淡雅的風格。宋代的《聖經總路》裏非常強調，「駐顏美容當以益血氣為先，倘不如此，徒區區乎膏面染髭之術！」明確反對只注重塗脂抹粉，不求根本的做法。

所以婦女的妝扮屬於清新、雅致、自然的類型，不過擦白抹紅還是臉部裝扮的基本元素，因此，紅妝仍是宋代婦女在化妝方法中不可缺少的一部分。髮型沒有太多的變化，貴婦之間流行高髻，而平民之間流行低髻，飾品中開始流行花冠，這直接導致了假花製造業的產生，而頭上紮巾也逐漸形成風俗。

遼在 1125 年被金所滅，金在 1234 年被蒙古所滅，蒙古又在 1276 年滅南宋，統一中國，建立元帝國。契丹、女真、蒙古都是遊牧民族，在入主中原之前，長期轉居於邊塞，服飾妝扮都非常簡樸，直到逐漸漢化後，才變得比較講究和華麗。元代婦女的妝扮在順帝前後有較明顯的變化，之前，多崇尚華麗；之後，風氣轉為清淡、樸素，有的甚至不化妝不擦粉。不過值得一提的是，人們用一種植物的根磨成粉，塗在臉上當作面膜用。（圖 1-3-5-1 宋代女性化妝圖）

圖 1-3-5-1 宋代女性化妝圖

（一）宮廷妝成為宋代女性時尚的「風向標」

宋代如同其他朝代一樣，宮廷不僅是國家的政權中心，還是一個國家的財富聚集地，而處於後宮的女性們（尤其是妃嬪），就能利用這個先天的條件，享受著聚集地，享受著來自皇權的恩賜，隨心所欲進行著靚麗妝扮。在宋代政府干預女性妝飾最為明顯的表現就是朝廷禁令的頒佈，這其中包括了禁奢、禁奇巧造型等方面的規定。雖然有些禁令隨著時間的發展或者是君王的更替而形同一紙空文，但是其所產生的暫時性效力還是不可小覷的。還有諸如對於女性頭飾所取造型的規定，景祐三年（1036 年）宋仁宗詔：「命婦許以金為首飾，及為釵、簪、釧、纏、珥、鐶，仍毋得為牙魚、飛魚，奇巧飛動若龍形者，其用銀毋得塗金。非命婦之家，毋得衣珠玉。」這與在宋代史料中一般女性所佩戴的飾品裏含有龍形者不無關係。正是這種潛心的舉動，引領著整個社會的時尚潮流，這種傳自宮廷的時尚妝飾宋人稱為「內樣妝」、「宮樣妝」。宋徽宗的明節皇后劉氏「性穎悟，能迎旨合意，又善裝飾衣冠，塗澤一新，世爭效之。」這不僅說明明節皇后的善於打扮，還透露出宮廷妝飾的影響力之甚。

正是因為女性們的相互模仿，才造成了某種妝飾新潮流的出現，而這種潮流必將在新一輪的效仿下被新樣式所取代，正是這種循環往復，才形成了宋代女性妝飾的不同風貌。

兩宋時期，中外文化交流，各種書籍的發表，其中記載了不少美容方劑，《太平聖劑方》33 中包括了「治粉刺諸方」、「治黑痣諸方」、「治疣目諸方」、「治狐臭諸方」、「令面光潔白諸方」、「令生眉毛諸方」、「治鬚髮、禿落諸方」，如此眾多的中國醫學美容方劑，說明當代治療已達到相當的發展階段。史載，南宋時的杭州已成為化妝品生產重要基地。「杭粉」已久負脂粉品牌的盛名。

古代女性長期處於男權社會的陰影之中，其妝飾打扮除了滿足自我心理對於美的需要之外，還具有博取男性歡心的性別色彩，正如有學者所說：「女人是肯花時間試圖讓她們自己、她們的女兒和女主人顯得更漂亮的那種人，但是她們對於美的理解大多建築在男人喜好什麼的基礎上。」在宋代「重文抑武」的政治風氣中，男性們所關注的重心不再是「策馬揚鞭」的廝殺疆場，進行武力的較量，而是轉向了提升自身文化的修養與品位，蘇軾用「發纖穠於簡古，寄至味於澹泊」來表明自己對於事物的審美需求。對於女性的妝飾，大多數男性也更加偏好於雅致、具有內涵的風格。

（二）宋遼金元妝容大變革

除了以上幾個主要因素之外，還有諸如女性個人的好惡選擇、所處的周圍環境以及階級地位、周邊少數民族的影響等眾多因素，在這些因素的共同作用及影響之下，妝飾才呈現出了既淡雅又奢侈、求新且尚奇等多重特點。

由於這個階段朝代不斷地更替，主流妝容也在不斷地迭代。

1.宋朝的清新淡雅

宋代女性妝飾在發展過程中，不僅僅表現出了淡雅等特性，最為引人注目的是其總處於變化之中，種類層出不窮而且不乏新穎獨特者。

宋代婦女受理教的束縛頗深，因此，此時的面妝大多摒棄了唐代那種濃豔的紅妝與各種另類的時世妝與胡妝，而多為一種素雅、淺淡的妝飾，稱為「薄妝」、「淡妝」或「素妝」。她們雖然也施朱粉，但大多是施以淺朱，只透微紅。此外，曾流行於唐五代的淚妝在宋時也依然流行。這時期的眉妝總的風格是纖細秀麗，端莊典雅。宋元時期女子的唇妝不似唐女那樣形狀多樣，但仍以小巧紅潤的櫻桃小口為美。點染櫻桃小口是宋元時期唇妝的主流。

任何一個朝代的發展都不可能是孤立存在的，都與前代的各個方面有著千絲萬縷的聯繫，體現在女性妝飾上就更加明顯了。在髮式上，唐代女性崇尚高大髻型，這種風尚直接影響到宋代女性的髮式風格。雖然歷史發展到宋代，髮型方面有所變化和創新，但是總體上依然沿襲唐代的高髻風格。在面飾上唐代所流行的濃妝豔抹在宋代女性中，雖然已經少見其遺存了，但是其面妝所包含的額黃、花鈿、妝靨、畫眉、點唇等類目依然沒有改變，其中的花鈿、眉與唇的修飾中有些樣式還沿襲了唐代的妝飾類型，反映出妝飾的相對穩定性與選擇的適應性。從宋代女性的雲髻、包髻、流蘇髻雲髻、包髻、流蘇髻等髮式的不同型制，到單肩冠、團冠、花單肩冠、團冠、花冠等冠式的豐富多樣，從斜紅、妝靨、額黃、花鈿等面飾的新穎獨特，到倒暈眉、淺文殊眉等眉妝的種種形象，無不展示了中國古代女性在化妝技巧上的大膽與創新，同時詮釋著宋代女性妝飾在發展變化中蘊含豐富多樣的特點，雖然其中有很多是建立在前代女性化妝所取得的優秀成果之上，但是隨著時代的發展，都有所改進和變化，並非一味地模仿前人，折射出了女性們在妝飾過程中的智慧。

即如有學者所說：「人們對新近出現的事物的隨從或追求總是以新、奇、特為標準的，只有新、奇、特，才能顯示出人們的與眾不同，這是時尚、流行的基礎。」從側面很好地證明了妝飾作為一種時尚始終處於更新變化之中，停滯的妝飾是難以成為一種時尚的。

2.元朝的異域風情

元代女子蒙古族宮廷多以暗紅色著妝，仍十分簡潔。而元民間女子盛行素顏風潮，整體妝容隨意。（圖 1-3-5-2 元代女性）元代北方遊牧民族的婦女盛行「黃妝」，即在冬季用一種黃粉塗面，直到春暖花開才洗去。這種粉是將一種藥用植物的莖碾成粉末，塗了這種粉可以抵禦寒風沙礫的侵襲，開春後才洗去，皮膚會顯得細白柔嫩。貴族女性們感覺此妝很美，就用黃妝飾面，塗以金色，演變成為宮廷流行的佛妝（圖 1-3-5-3 佛妝）。佛妝在北方民族建立的宮廷中盛行，顯然是受佛教的影響，早在漢代，婦女就已開始作額部塗黃的妝扮，在南北朝時，額黃的妝飾法蔚為風氣，直到遼宋時期，還延續這種妝飾習慣；也與寒冷地區的氣候有關。燕地女子冬天用黃色的枯蔞葉做漿塗面以防風吹，稱之為佛妝。佛妝即是整個面部塗成黃色，以擬金色佛面。

圖 1-3-5-2 元代女性

圖 1-3-5-3 佛妝

3.遼代的奢華別致

無論是從古人遺留下來的文字記載還是相關圖片描繪和考古實物上來看，宋代女性的妝飾都給人以端莊又不失新穎、內斂又不失華美的雙重感覺。遼代妝飾風格與前代相比，明顯地發生了變化。遼代女性的妝飾從來不乏奢侈者。這一點從其頭飾上顯露無遺。遼代女性的頭飾種類十分豐富，不僅包括簪釵（圖 1-3-5-4 簪釵）等傳統飾品，還有各具特色的冠、梳、翠羽等別樣妝飾。這些飾品大都由象牙、珍珠、翠羽、鹿胎皮等珍貴材料製作而成，時有價值不菲者。

以翠羽為例其毛每兩片謂之一合，南宋寧宗時期，臨安城裏的高級翠羽價格依照行情 3 貫到 400 文不等，一般品種價格較之要低些，但是不管如何，以此種飾品作為頭飾，少則一合，多則數合，甚至幾十合，累加起來價格自然不菲，也正因此，暴露了其奢侈的本性。

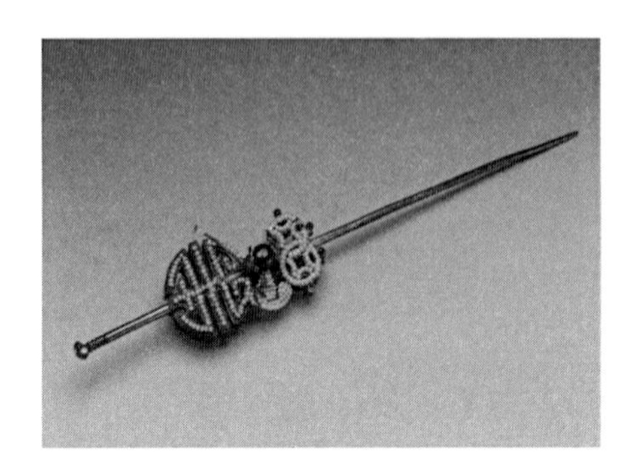

圖 1-3-5-4 簪釵

1.3.6 盛而後衰：明清時期（西元 1368 年至西元 1840 年）

清朝是中國歷史上最後一個封建王國，隨著其建立、強盛、衰弱以及滅亡直接牽動著中華藝術風格的重大變化。

清代美容化妝之術非常發達，其標誌是大量的美容用品和藥劑不斷出現，清代名著《紅樓夢》中零散就有十數回描述各種化妝品和製作方法。東南沿海的化妝美容的小作坊在唐宋元明時代就已存在，但到了清代規模才不斷擴大。

（一）美妝的專業化

明朝婦女仍是塗脂抹粉的紅妝，但不同於前朝妝扮的華麗及多變；清後期一些特殊階層婦女流行作滿族盛裝打扮，臉部也作濃妝，面額塗脂粉，眉加重黛，兩頰圓點兩餅胭脂（圖 1-3-6-1 清朝女性）。明清時期婦女一般崇尚秀美清麗的形象，妝扮偏向秀美、清麗，端莊的造型。這從清朝帝後圖像及各種仕女圖中可清楚看到：纖細而略微彎曲的眉毛，細長的眼睛，薄薄的嘴唇，明淨的臉，韻味天生是明朝婦女給世人留下的總體印象。

圖 1-3-6-1 清朝女性

明朝初期，國勢強盛，經濟繁榮，當時的政治中心雖在河北，然而經濟中心卻在農業繁榮的長江下游江浙一帶，於是各方服飾都仿效南方，特別是經濟富庶的秦淮區中的婦女的化妝更是全國各地婦女仿效的對象。明代是中國傳統美容的一個鼎盛時期。明初朱材等編纂的《普濟方》[21]是中國美容方的大匯總，對於美容化妝藥之收載，規模空前。明朝婦女普遍喜歡扁圓形的髮型，如「桃心髻」、「桃尖髻」、「鵝膽羽髻」。這時期的假髮製作越來越精良，很多是用銀絲、金絲、馬尾、紗做成的丫髻、雲髻等戴在真髮上的裝飾品。頭飾有頭花、釵、冠，又從國外引進了燒製琺瑯技術，使得飾品更加精美。

清初婦女的妝容分為兩條發展線索，滿族多為「兩把頭」，到後來發展成一種類似牌頭的高大的固定裝飾物，用綢緞等材料

21　《普濟方》大型方書，426 卷。明代朱橚、滕碩、劉醇等編於洪武二十三年（1390 年）。本書博引歷代各家方書，兼采筆記雜說及道藏佛書等，匯輯古今醫方。總結明以前醫療之經驗，除了博引歷代醫書外，保存了不少宋元名醫散佚的著作。

製成，在上面裝飾以花朵、珠、釵等，將頭髮向後攏起梳成曼長形後將它戴在頭上。而漢族的髮型主要有牡丹頭、荷花頭等龐大的片與華麗誇張的髮型。後來兩種發展線路逐漸融合，到了晚清時期，開始留「前瀏海」，面部仍為低調線路，面部清秀，眉眼細長，嘴唇薄小。

元代婦女的妝扮敷粉施朱永遠是女人的最愛，明清兩代也不例外。從傳世的畫作來看，明清婦女的紅妝大多屬薄施朱粉，輕淡雅致，與宋元頗為相似。除了前代的妝粉外，明清婦女又創造了很多新型的妝粉。清朝末年女子改變了作濃妝的風氣，使盛行了兩千多年的紅妝習俗告一段落。

儘管皇帝三令五申禁止滿族婦女模仿漢族婦女的服飾及妝扮，然而終究壓抑不了多數婦女爭奇鬥豔的心理。尤其是慈禧太后當權之後，在服飾、妝扮、生活起居等方面，都極盡奢華之能事。由於清代宮廷的重視，從乾隆皇帝到慈禧太后的親自過問，使之從內服藥物到美髮護膚驗方比比皆是。

從服飾上看，滿族女子平時著袍、衫，初期寬大後期窄如直筒。旗女天足，著花盆底鞋，梳兩把頭，俗稱「達拉翅」或「大拉翅」。而漢族女子平時穿襖裙、披風，下裳多為裙子，漢女纏足，多著「三寸金蓮[22]」木底弓鞋，留牡丹頭、荷花頭。但是在後期，滿漢文化已經在不知不覺之間由衝突變成了相互學習。比如說滿族女子愛在袍衫外罩坎肩，但這坎肩卻不是滿族的傳統服裝，它是滿族入關以後，在和漢族的雜居相處之中向漢族的女子

22 三寸金蓮，又稱纏足，是中國古代一種陋習。是用布將女性雙腳緊緊纏裹，使之畸形變小。一般女性從四、五歲起便開始纏足，直到成年骨骼定型後方將布帶解開，也有終身纏裹者。

學習而來的。而清朝中期，漢女也喜歡仿滿宮女，以高髻為尚，梳叉子頭、燕尾頭。滿漢文化的互相學習互相融合從女子們的臉上也可以看到。清朝宮廷和民間的反差還是比較大的，官宦及宮廷女子著色以橘色、紅色，豔麗的色彩和張力是清上層的著妝風格。柳葉眉、水眉、平眉、斜飛眉佔據主位，眼妝反強調素淨，臉頰著色偏暗，唇色豔紅巨多，強調豔麗雍容。民間則清淡很多。而像花漢沖這樣的大店既然開在了皇城腳下，就要符合各個階層不同的需要，所以花漢沖的店裏既有「花漢春」品牌的各類護膚化妝品，也有「滴珠宮粉」、「銀珠油」等更專業更細緻的京粉產品，甚至還有各類香件、顏料等等。

在內服外用藥物方面，明代「東方醫學巨典」李時珍所著《本草綱目》一書收載美容藥物 270 餘種，其功效涉及增白駐顏、生鬚眉、療脫髮、烏髮美髯、去面粉刺、滅瘢痕疣目、香衣除口臭體臭、潔齒生牙、治酒鼻、祛老抗皺、潤肌膚、悅顏色等各個方面。如「面」一篇中描述了枯蔞實、去手面皺、悅擇人面。「杏仁、豬胰研塗，令人面白」。桃花、梨花、李花、木瓜花、杏花、併入面脂，去黑乾皺皮，好顏色為中醫美容寶庫提供了寶貴遺產。除此之外，明代外科專著相比歷朝更加豐富多彩，陳實功的《外科正宗》總結了以粉刺，雀斑、酒渣鼻、痤瘡、狐氣、唇風的治療，對每個皮膚病的病理，藥物的組成和製作都做了詳細介紹。

清代美學對現代美學也產生了一些深淵的影響，一些清代的宮廷服飾如馬褂、旗袍不但是當時男女的典型服飾，現在也已經成為中國的傳統服飾；「清」妝流行的遠山眉、點唇妝乃至護膚上所用的玫瑰露、桂花油，都成為現在美妝日常使用的主線。清代對美學的發展史和改制，吸收了其他民族實用的東西也長期保存著其民族特色。清代這種滿漢相融、宮民相融的特殊時期的美學文化發展也讓清代美學成為中國美學史上一道豔麗重彩的一筆。

（二）明清化妝品企業的發展

在清朝，有閑階級的女子是有很大一部分的時間來為自己的妝容費盡心思的。

相傳慈禧太后每天要花上好幾個時辰來打扮自己，在她的寢宮裏，她最心愛的就是梳粧檯上的化妝品和盛有珠寶首飾的提匣。多年來，她一直使用著嫩膚、潤膚、增白、防皺等系列的化妝品進行美容化妝，其中主要有：宮粉、胭脂、漚子方、玉容散、藿香散、栗荴散等。

慈禧活了 75 年，據當年擔任御前女官的德齡回憶，在慈禧晚年伺候她沐浴，竟然渾身難見老人專屬的「乾癟的枯皮」，相反見到的是「宛如少女般的身材，肉色出奇的鮮嫩，白的毫無半點斑痕，看起來十分的柔滑……」一個年過七旬的老太太還能保持肌膚白潤，雙手細膩，皺紋略顯，頭髮油亮的狀態，都是因為這位歷史上最著名的女人之一一生都在專注於養生、熱衷於美容！有慈禧太后這位「美妝達人」在，清代的化妝品製作工藝可謂達到了鼎盛。

從明代起家、在清代繁盛的老牌子中花漢春是一個典型，我們能從花漢春這個典型上看到清代美學發展的歷史和意義。

這種繁瑣的事情很多貴族階級的女子是無心去做的，各個階級乃至紫禁城中的需求又是如此之大，民間各種香粉鋪便根據時勢所需，把原本簡便處理、使用感差強人意的民間用品，用心調製成更符合「消費者」需求的高檔化妝品出售。清宮早在乾隆年間就有江南織造在民間代為購買，清代宮廷也有內務府直接從京城商鋪購買胭脂水粉為宮中所用的記錄：現代歷史學家傅振倫（1906.9.25－1999.5.8，中國現代歷史學家、方志學家、博物學家與檔案學家）《七十年所見所聞》「清朝在崇文門設關收稅，專充宮中胭脂之費，該號（花漢春）生意因而大盛。」這裏提到的花漢春，就是當時北京前門地區最大的化妝品專賣店之一。

花漢春最早的雛形是明嘉靖元年名叫花漢沖的主婦在京城開的小雜貨店，明嘉靖 33 年（1554 年）掌櫃求得當朝宰相嚴嵩提匾，名聲大震，生意極好，懷以初心以「花漢沖」為店名在前門珠寶市大街擴張了當時最大的專門售賣美容日用品的香粉店，並把店內的美容化妝品取名「花漢春」品牌。花漢春當時的棉花胭脂和窩頭粉已經在民間婦人中賣得很好，但是搬到了皇城跟腳下，精明的商人就把這民間的化妝品極致發展，浸泡、發酵、沉澱、過濾、研磨、加料等數十道工序被運用到新型的妝粉中，把當時北京地區的製粉技術推到了一個登峰造極的高度，京粉也成為各方婦人競相追捧的奇貨。當代作家王永濱所著《北京的商業街和老字型大小》（1999 年）中描述花漢春的京粉「自產的各種香粉選料精良，製作認真，香氣持久，味正，白的潔白，紅的鮮紅，因之，馳名京城，在光緒年間，花漢沖的（花漢春牌）胭脂餅和窩頭粉等化妝品曾供應清皇宮內使用。」連帶著當時用來裝胭脂香粉的粉盒也有了「妝粉貴氣」的風格導向，工藝更加複雜，質地以瓷、玉為主，還有金屬、琺瑯、漆器等，造型豐富，紋飾盡有，異彩紛呈。

中國美學文化的發展、演變的歷史表明，隨著文化傳播與時代進步，禦寒避暑已不再是服飾的主要功能，吉祥圖騰也不再是美妝的首要意義，與此相應，服裝、化妝以及文化的政治、禮教等一系列社會功能聯同美學的展現等社會作用卻愈益凸顯，並且不斷得到強化，從而為人們的社會生活注入異常豐富的內涵。美學文化是民族文化的一個組成部分，每個人外在的表現如同一面鏡子中的反射，它在一定程度上反映出一個國家、一個民族的政治、經濟、文化狀況。每一個商鋪、每一種老字型大小產品都將成為這面鏡子的本體，把美學文化繼續視覺化地傳承下去。

1.4 中國近現代美妝潮流發展

當中國的國門被列強強行打開後，中國的傳統審美觀念更是受到了前所未有的強烈衝擊。歐風美雨的洗禮、商業文明的推動，很快使民國女性改頭換面形象上逐漸呈現出一派百花齊放、欣欣向榮的新時代氣息。新的髮型、新的妝面，結合著充分表現女性形體曲線美的新式改良旗袍、絲襪、高跟鞋，展現了當時新女牲的一種高雅、開放、快節奏的生活方式，也掀開了中國女性妝飾史上嶄新的一頁。

1.4.1 近代民國時期：動盪、衝擊與融合中的本土化發展

近代民國時期化妝品種類繁多，香粉是各階層婦女化妝品的首選。有些人堅持傳統路線，有些人則大膽追求時尚，喜歡香水、旋轉式口紅、化有層次感和線條柔和的眉毛，強調立體感的

深色眼影，貼假睫毛，且對上唇飽滿下唇線條明顯的唇形特別有感情。到了四十年代，中國由於長期戰爭，物質生活困難，整個社會偏向自然樸實的妝容。第二次世界大戰結束後，世界推崇愛與和平，整體裝扮以浪漫、活力為主。到了二十世紀末，現代女性由於教育水準的提高，經濟上的獨立及價值意識的變化，對美的追求也呈現出多元化趨勢。強調時尚感，自然美。

到了民國初期女性在化妝方式上繼續延續著晚清的審美喜好。臉龐清秀、眉眼細長、嘴唇薄小（圖 1-4-1-1 民國初期妝容）。在眉妝上，基本仍是承明清一脈，喜愛描纖細、彎曲的長蛾眉，多為把真實的眉毛拔去之後再畫，一般是眉頭較高，然後往兩端漸漸向下拉長拉細。眼睛基本沒有描繪，嘴唇仍喜好薄薄的小嘴，臉頰多施粉嫩的胭脂。後來隨著西風漸起，人們受到了新式的教育，逐漸對美的標準有了新的看法和思考，慢慢開始拋棄封建社會的遺韻。

圖 1-4-1-1 民國初期妝容

1.4.2 形形色色的化妝品如潮水般湧入中國美妝市場

總體來說，民國時候的化妝品範圍比較廣，類似現代的家化用品。大致可以分為：

一、用於面部，如香皂、洗臉粉、雪花膏、香膏、玉容膏、牙粉、牙膏等。

二、用於身體，如花露水、香水、爽身粉等。（圖 1-4-2-1 民國時期的花露水）

三、用於頭髮，如生髮膏、髮油等。

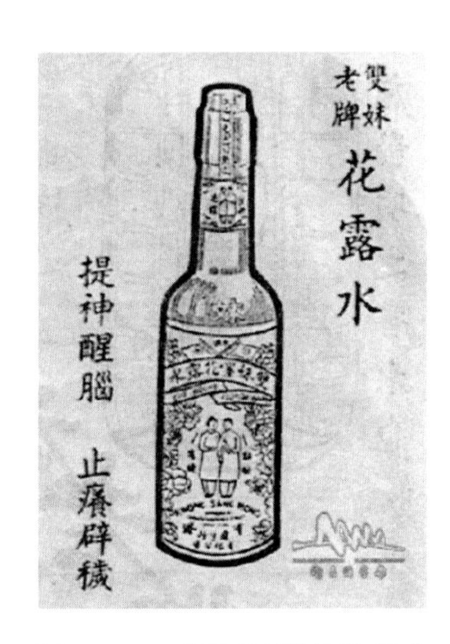

圖 1-4-2-1 民國時期的花露水

由於中國長期在封建勢力的統治下，生產技術十分落後，化妝品的生產長期在小「作坊」式的生產狀態下，從鴉片戰爭以後，由於資本主義國家對中國的經濟侵略，外國的化妝品開始流進中國市場。

直到 20 世紀初，在上海、雲南、四川等地方出現了一些專門生產雪花膏的小型化妝品廠。最早創辦的是揚州「謝魏春」化妝品作坊，創始於 1830 年距今已有 170 年的歷史，是中國化妝品工業的先驅。（圖 1-4-2-2 民國時期的雪花膏宣傳海報）

圖 1-4-2-2 民國時期的雪花膏宣傳海報

杭州「孔鳳春」化妝品作坊創始於 1862 年，距今有 130 年的歷史。1898 年「千裏行」在香港建廠，開始生產花露水，以後又在廣州、上海、營口建廠生產雪花膏。1911 年中國化學工業在上海建廠，即目前上海牙膏廠的前身。

雪花膏又名香霜，是早期有代表性的護膚膏霜，成分主要是硬脂酸、甘油、山梨糖醇。雪花膏含水較多，微生物容易污染滋生，發酵後產酸產氣，易酸敗。

冷霜的主要成分是液體石蠟、地蠟、凡士林、蜂蠟、合成脂肪酸酯類、各種乳化劑、硼砂等，可以盛放在金屬盒中。由於含油分很多，常添加適量抗氧劑，防止油脂酸敗產生腐臭味。

廉價的礦物油合成化妝品的大量推出，使化妝品從上流社會進入萬千大眾，在中國街頭，香皂開始流行起來。

1.4.3 近代本土藝術創作中的美妝品牌掠影

（一）蜜絲佛陀（Max Factor）口紅

白先勇《永遠的尹雪豔》[23]尹雪豔著實迷人。但誰也沒能道出她真正迷人的地方。尹雪豔從來不愛擦胭抹粉，有時最多在嘴唇上點著些似有似無的蜜絲佛陀；尹雪豔也不愛穿紅戴綠，天時炎熱，一個夏天，她都渾身銀白，淨扮的了不得。Max Factor 翻譯為蜜絲佛陀，本來就十分有意境，光看名字就覺得很脫俗，和尹雪豔的氣質融為一體。不過，Max Factor 卻並不是高冷奢侈大牌。Max Factor 的品牌歷史與好萊塢的發展史息息相關。1969 年，因在藝術和科技方面的非凡成就以及對電影業的傑出貢獻，Max Factor 受邀在好萊塢星光大道上留下唯一一個彩妝行業的金色五星。（圖 1-4-3-1 Max Factor 口紅）

圖 1-4-3-1 Max Factor 口紅

23 《永遠的尹雪豔》：是《臺北人》系列的首篇，小說，上海話話劇，民國高級將領白崇禧將軍之子白先勇先生的代表作。作品通過對尹雪豔形象的刻畫，同樣也揭示出臺灣上流社會紙醉金迷的腐朽生活。永遠的尹雪豔，以塑造風姿翩然的尹雪豔來表現上海的鍾靈毓秀。

（二）丹祺（Tangee）唇膏

張愛玲《童言無忌》生平第一次賺錢，是在中學時代，畫了一張漫畫投到英文《大美晚報》上，「報館裏給了我五塊錢，我立刻去買了一支小號的丹祺唇膏。我母親怪我不把那張鈔票留著做個紀念，可是我不像她那麼富於情感。對於我，錢就是錢，可以買到各種我所要的東西。」《童言無忌》算是張愛玲的自傳。她在拿到第一份稿費的時候，給自己買的第一件東西就是一支丹祺唇膏。我才工作不到一年，就已經記不得拿到第一個月工資的時候給自己買了什麼了。在《海上花》中，張愛玲還將其中第九章命名為「小號的丹祺唇膏」，可見她對丹祺的喜愛。丹祺（Tangee）在 19 世紀 40 年代的戰亂時期，口紅仍然受到熱烈追捧。Tangee 此時的廣告語道出了口紅的神奇力量——「可以讓女人擁有一副勇敢的面孔」。（圖 1-4-3-2 Tangee 廣告海報）

圖 1-4-3-2 Tangee 廣告海報

（三）雙妹牌痱子粉

亦舒《遇》「我躺在長沙發上看小說，每隔十五分鐘，聽古老時鐘『當當』報時，非常寧靜，我決定在十一點半時去淋浴，把濕氣沖乾淨，在身上灑點雙妹牌痱子粉，換上花布睡袍，上床做一個張愛玲小說般的夢——曲折離奇，多采多姿。」（圖 1-4-3-3 雙妹牌痱子粉）

圖 1-4-3-3 雙妹牌痱子粉

（四）珂路搿（Colgate）牙膏

林語堂《我怎樣買牙刷》有一回 Colgate，大約是良心責備，十分厭倦這些欺人的廣告，出來登一特別廣告，問人家：「你因看見廣告而受恐慌嗎？」並說一句老實話：「牙膏的唯一作用只是洗淨你的牙而已。」（圖 1-4-3-4 珂路搿（Colgate）牙膏廣告）。現今化妝品界大名鼎鼎的高露潔在民國時期的名字是珂路搿。

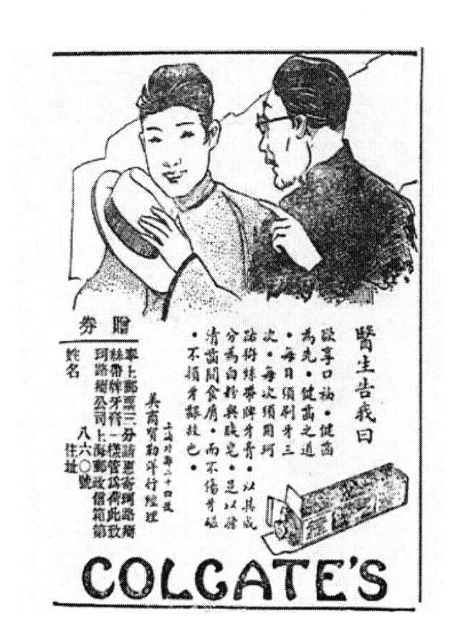

圖 1-4-3-4 珂路搿（Colgate）牙膏廣告

（五）白速得（Pepsodent）牙膏

林語堂《我怎樣買牙刷》第二次的醒悟，是看見 Pepsodent 的廣告，更加良心發現，更顯明的厭倦那些欺人的廣告，公然說：「使你的牙齒健全的，並不是牙膏——是菠菜啊！」所以有蛀牙的同學，你們別再糾結為什麼自己天天刷三次牙還會有蛀牙了（圖 1-4-3-5 白速得（Pepsodent）牙膏）。

圖 1-4-3-5 白速得（Pepsodent）牙膏

（六）百雀羚雪花膏

在百雀羚的廣告中，故事背景是民國時期的上海灘，那裏正是該品牌的誕生地。百雀羚的創始人叫顧植民，上世紀 20 年代，他是上海先施百貨一名待遇優渥的中層職員。彼時上海最受歡迎的化妝品是以夏士蓮為代表的洋品牌，但顧植民還是看到了國產化妝品的商機。1931 年，辭職後的他創辦了富貝康化妝品有限公司，並推出了「百雀羚」品牌。

關於「百雀羚」名字的由來，有這麼一個說法，說是顧植民路遇一瞎子，請對方為自己的產品起個名字。瞎子掐指一算，定名為「百雀羚」。「百雀」取「百鳥朝鳳」之意，「羚」則與上海話「靈」（「很好」的意思）同音（圖 1-4-3-6 百雀羚雪花膏廣告）[24]。

圖 1-4-3-6 百雀羚雪花膏廣告

1.5 中國現代彩妝發展歷程與前景

1995 年美寶蓮彩妝進入中國大陸，廣州設立了第一個形象專櫃，並在蘇州成立了工廠開始，中國便有了真正意義上的彩妝，「這是中國彩妝的萌芽期」。

2000 年中國彩妝進入了「跟風期」，跟著美寶蓮。中國各地的商場和有規模的超市裏便陸續地出現了 UPTOYOU 彩妝－蕭亞軒代言，據說是與雅芳有著某種淵源；紅地球彩妝－2000 年，邀請了時下最火的大陸明星「小燕子」趙薇代言。

2002 年中國彩妝市場陸續的出現了色彩地帶，卡姿蘭、美情、狄麗莎等中國本土彩妝。

2005 年中國彩妝品牌就像雨後的春筍一樣，一個一個的不知道從何處陸陸續續的冒了出來。有的一路走來，業內輝煌至

---

[24] 引述自 https://www.sohu.com/a/289533224_113338

今。有的只是冒了個泡泡，就破滅了。短短的兩三年內，中國終端彩妝品牌兩級分化日趨明顯。

2010 年隨著瑪麗黛佳的崛起，中國彩妝第一集團軍又增加了一名新成員。這一時期直至未來 N 多年，有學者認為中國彩妝市場會一直處於「混沌期」。

目前外資品牌主要佔據和開發的高端產品，而對中低檔大眾消費市場涉足較少，這在無形中給中國彩妝廠家發展大眾品牌帶來良好的機遇。

中國市場幅員遼闊，不同地域消費者的消費特徵也不盡相同，不同年齡、職業、收入的消費群也存在差異，這給不同的彩妝品牌帶來了不同的發展空間。

短時間內，中國彩妝品牌將進一步豐富，市場表現為多品牌、同市場、同管道的格局。

隨著市場經濟的發展和職場文化的日益國際化，已經有越來越多的中國女性開始認同將化淡妝作為一種基本禮儀，對彩妝的需求量正在持續飛速增長。彩妝作為化妝品市場發展勢頭迅猛的一支生力軍，具有相當大的市場發展潛力。

第二章　全球視野下的美妝發展雜談

2.1 世界化妝品歷史演變脈絡

2.1.1 全球化妝品的歷史發展階段概述

化妝品的出現與使用是很久的事了。最先使用化妝品的記載來自埃及，時間大約在西元前 3750 年。古代埃及的婦女們主要用方鉛礦和石青畫眼睛，用紅色的竹石來塗脖子，用染成黃褐色的乳脂來塗臉、脖子和手臂。

約在西元 300 年，義大利羅馬理髮店已開始使用香水，那不勒斯地區成為芳香業的中心。

西元 1 世紀至 2 世紀，希臘物理學家柏林將玫瑰花水加到蜂蠟和橄欖油中，經攪拌調和後，得到一種很不穩定的乳膏狀物。（圖 2-1-1-1 玫瑰花水與橄欖油）

圖 2-1-1-1 玫瑰花水與橄欖油

直到 1690 年，Vomacka 在其中加入硼砂[25]（硼砂毒性較高，已被世界各國禁用為食品添加物。人體若攝入過多的硼，會引發多臟器的蓄積性中毒。）後，才首次得到現在被稱為「香脂」的穩定乳化膏體。

說到美容護膚，估計沒有哪個國家比得上中國古代。不要看現在中國護膚品趕不上國際品牌，但在古時候，中國在美容護膚上可是出類拔萃、位列世界之首的。和現在護膚理論不同，古代的美容護膚是和藥學聯繫一起的，注重內調外敷，雙管齊下，治標又治本。

若干世紀以來，化妝品卻有了極大的改變，發展至今化妝品的發展史，大約可分為下列四個階段：

（一）第一代化妝品：天然的動植物油脂

第一代是使用天然的動植物油脂對皮膚作單純的物理防護，即直接使用動植物或礦物來源的不經過化學處理的各類油脂。

根據記載，大約在西元前 3750 年，古代埃及的婦女們主要用方鉛礦和石青畫眼睛，用紅色的竹石來塗脖子，用染成黃褐色的乳脂來塗臉、脖子和手臂。此外，眉毛要拔掉，再畫上長長的假眉。使用天然香料抑制體臭，塗抹動物油脂在皮膚上，使自己的看起來健康而有光澤，同時也起保溫、防寒、避光、防蟲等作用。

古埃及人 4000 多年前就已在宗教儀式上、乾屍保存上以及皇朝貴族個人的護膚和美容上使用了動植物油脂、礦物油和植物

---

[25] 一種無機化合物，一般寫作 Na2B4O7 · 10H2O，分子量為 381.37。通常為含有無色晶體的白色粉末，易溶於水。硼砂有廣泛的用途，可用作清潔劑、化妝品、殺蟲劑，也可用於配置緩衝溶液和製取其他硼化合物等，人體若攝入過多的硼，會引發多臟器的蓄積性中毒。

花朵等來對皮膚表面進行簡單的妝容（圖 2-1-1-2 古代埃及儀式用動植物油脂等化妝品）。

圖 2-1-1-2 古代埃及儀式用動植物油脂等化妝品

（二）第二代化妝品：油和水乳化技術為基礎的化妝品

第二代是以油和水乳化技術為基礎的化妝品。十八、十九世紀歐洲工業革命後，化學、物理學、生物學和醫藥學得到了空前的發展，許多新的原料、設備和技術被應用於化妝品生產，更由於以後的表面化學、膠體化學、結晶化學和乳化理論的發展，引進了電介質表面活性劑以採用了 HLB 值的方法，解決了正確選擇乳化劑的關鍵問題。

在這些科學理論指導和以後人們大量的時間中，化妝品生產發生了巨大的變化，從過去原是初級的小型家庭生產，逐漸發展成為一門新的專業性科學技術。如香港的第一個化妝品品牌「雙妹嚜」。

（三）第三代化妝品：添加各類動植物萃取精華的化妝品

第三代由於是添加各類動植物萃取精華的化妝品，稱為可以吃的化妝品。原料諸如皂角、果酸、木瓜等天然植物或者從動物皮和內臟中提取的深海魚蛋白和激素類等精華素加入到化妝品裡面。

提取方法中比較先進的有超零界 CO2 萃取法，提高了有效物質的獲得率和萃取純度。

（四）第四代化妝品：仿生化妝品

第四代化妝品稱為仿生化妝品，即採用生物技術製造與人體自身結構相仿並具有親和力的生物精華物質並複配到化妝品中，以補充、修復和調整細胞因子來達到抗衰老、修復受損皮膚等功效，這類化妝品代表了 21 世紀。

這些化妝品以生物工程製劑如神經醯胺和基因工程製劑如去氧核糖核酸（DNA）和表皮生長因子的參與代表，以致使豐胸、瘦身、肌膚某種程度上達到恢復青春的可能。

生物製劑化妝品，見效週期長，安全無添加，利用身體同源的成分，再用生物技術把它製成皮膚更容易吸收的小分子量，直達皮膚基底層和真皮層，啟動自身細胞的自我修復新陳代謝，解決皮膚問題。[26]

科技發展永無止境，化妝品行業發展也不會停止，那麼化妝品發展到第四代之後將會朝哪個方向發展呢？

2.1.2 現代化妝品成分各階段演變

（一）礦物油時代

上個世紀 70 年代，日本多家名牌化妝品企業，被 18 位因使用其化妝品而罹患嚴重黑皮症的婦女聯名控告，此事件既轟動了國際美容界，也促進了護膚品的重大革命。早期護膚品化妝品起

[26] 引述自 https://www.sohu.com/a/296054549_120080901

源於化學工業，那個時候從植物中天然提煉還很難，而石化合成工業很發達，所以很多護膚品化妝品的原料來源於化學工業。截至目前仍然有很多國際或本土的牌子還再用那個時代的原料，價格低廉，原料相對簡單，成本低。所以礦物油時代也就是日用化學品時代。

（二）天然成分時代

從上個世紀 80 年代開始，皮膚專家發現：在護膚品中添加各種天然原料，對肌膚有一定的滋潤作用。這個時候大規模的天然萃取分離工業已經成熟，此後，市場上護膚品成分中慢慢能夠找到的天然成份——從陸地到海洋，從植物到動物，各種天然成分應有盡有。有些人甚至到人跡罕至的地方，試圖尋找到特殊的原料，創造護膚的奇跡，包括熱帶雨林。當然此時的天然有很多是噱頭，可能大部分底料還是沿用礦物油時代的成分，只是偶爾添加些天然成分，因為這裏面的成分混合，防腐等等仍然有很多難題很難克服。也有的公司已經能完全拋棄原來的工業流水線，生產純天然的東西了，慢慢形成一些頂級的很專注的牌子。

（三）零負擔時代

2010 年前，零負擔產品開始在歐美臺灣流行，以往過於追求植物，天然護膚的產品因為社會的發展，和為了滿足更多人特殊肌膚的要求，護膚品中各種各樣的添加劑越來越多，所以，導致很多護膚產品實屬天然實際並不一定天然。很多使用天然成分，礦物成分的由於產品的成分較多，給肌膚造成了沒必要的損傷，甚至過敏，這個給護膚行業敲響了警鐘，追尋零負擔即將成為現階段護膚發展史中最實質性的變革。2010 年後，零負擔產品開始誕生，以臺灣嬋婷化妝品為主，一批零負擔產品，將主導減少沒必要的化學成分，增加純淨護膚成分為主題，給用過頻繁化妝品的女性朋友帶了全新的變革，「零負擔」產品的主要特點在於，產品減少了很多無用成分，護膚成分，例如玻尿酸，膠原蛋白等均為活性使用，直接肌膚吸收，產品性能極其溫和，哪怕再脆弱的肌膚只要使用妥當，一般也沒有問題。

（四）基因時代

隨著人體 25000 個基因的完全破譯，當然這其中也有跟皮膚和衰老有關的基因被破解，目前才剛剛開始，但是潛藏在大企業之間的併購已經暗流湧動，許多藥廠介入其中，羅氏大藥廠斥資 468 億美金收購基因科技，葛蘭素史克用 7 億 2 千萬收購 Sirtris 的一個抗老基因技術。還有很多企業開始以基因為概念的宣傳，當然也有企業已經進入產品化。這個時代的特點，就是更嚴密、更科學，因為是新的技術，必須要有嚴格的臨床和實證，嚴格檢測，基因技術在世界各地都是嚴格控制的。未來的趨勢是每個人的體檢都會有基因圖譜掃描這項，根據圖譜的變化來驗證產品的功效，美國有些已經做到這方面的工作了。這也是一個未來的趨勢。這幾個時代並不是完全割裂的，是逐漸演變的，各個公司之間也有互相代替，就跟 IBM 代替了美孚石油，微軟慢慢取代 IBM，Google 慢慢取代微軟一樣，企業就是在這種時代更替和標準重新規劃中找到自己的定位的，沒有永遠獨大的企業，大企業不斷的收購也是為了在下一個時代中希望能繼續站在最高處。

2.1.3 現代化妝品外觀設計潮流例舉

（一）複雜的線條圖

使用細線和大量細節的複雜圖紙是化妝品包裝的永恆美麗趨勢。特別是花卉和手工製作的圖畫效果很好，可以巧妙地放置在特定區域或覆蓋整個產品。如果想要一些不那麼女性化的東西，但仍然想要一些優雅和細節的東西，更幾何、乾淨和酷的繪畫風格可能適合你。注重細節，或者尋找一種微妙而美麗的方式來展示包裝內的物品，通過繪製使用的成分，這種趨勢非常適合（圖 2-1-3-1 複雜的線條圖）。

圖 2-1-3-1 複雜的線條圖

（二）獨特的自訂字體

在平面設計中看到的粗體字體趨勢自然也延伸到了包裝上。

獨特的字體可以讓包裝增添許多特色。排版是表達產品作為品牌的完美方式，而帶手柄的字體可以讓產品與眾不同。（圖 2-1-3-2 獨特的自訂字體）

圖 2-1-3-2 獨特的自訂字體

無論是帶有復古氣息、大膽的聲明還是古怪的風格，獨特的字體肯定會留在人們的腦海中。

（三）醒目的圖案

佈局合理、引人注目的圖案使你的包裝流行起來，並賦予品牌自信、年輕的外觀，使其與眾不同。

醒目的條紋和狂野的色彩組合，大膽的圖案趨勢將使你的包裝從貨架上跳下來。特別是不規則的圖案是一種反復出現的趨勢，可以使包裝具有一定的優勢。（圖 2-1-3-3 醒目的圖案）

圖 2-1-3-3 醒目的圖案

但這並不意味著你的品牌必須年輕而響亮才能利用這一趨勢：只要選擇正確的顏色和形狀，抽象圖案往往更能激發人們內心瞭解的欲望。

（四）酷炫的黑色包裝

黑白化妝品包裝是我們永遠不會厭倦的永恆趨勢。

目前看到的包裝設計中的新趨勢是，雖然白色曾經是化妝品包裝的壓倒性選擇，但黑色現在似乎在單色包裝中占了主導地位。為了增加有趣的變化，這些設計使用精巧的圖案和微小的色彩來吸引眼球。（圖 2-1-3-4 酷炫的黑色包裝）

圖 2-1-3-4 酷炫的黑色包裝

以黑色為主的包裝看起來很奢華，以及有一種神秘和清爽的感覺。更重要的是，如果選擇經典的單色設計，可以確保設計包裝永不過時。

（五）鬱鬱蔥蔥的花香和溫暖的大地色

一種我們無法滿足的時尚復古趨勢是化妝品包裝覆蓋著豐富、溫暖的花卉和自然、樸實的色調。（圖 2-1-3-5 鬱鬱蔥蔥的

花香和溫暖的大地色）

圖 2-1-3-5 鬱鬱蔥蔥的花香和溫暖的大地色

它可以讓人感到溫暖和舒適。鬱鬱蔥蔥、豐富的花卉插圖與簡單的排版相結合，形成了一種經典風格，營造出平易近人而又奢華的外觀。

（六）現代簡約粉彩

粉彩和極簡主義是天作之合。

雖然粉彩會軟化原本嚴苛的極簡主義包裝設計，但簡約乾淨的設計將確保你的粉彩包裝看起來既現代又成熟。使用這兩個概念來為品牌找到合適的組合。通過選擇一種客戶和品牌相呼應的柔和色調來保持它的簡單和時尚，或者可以使用柔和的組合來實現俏皮和夢幻的外觀。（圖 2-1-3-6 現代簡約粉彩）

圖 2-1-3-6 現代簡約粉彩

（七）中國國潮

標題常用宋體，楷體書法宋體字是中國傳統的一種字體形式，筆劃上有粗細變化，筆劃尾部末端有裝飾地方（鉤角），每一筆都像風吹柳絲一樣，細瘦犀利，識別度非常高。

有時候你看港澳臺這些地方的招牌，會有一種懷舊的視覺感受，就是因為這些地方的招牌，有大量的宋體和楷體字。與宋體相對的現代字體，比如微軟雅黑這一類黑體，筆劃上粗細一致，沒有多餘裝飾，看起來簡單直接，比較有現代感。所以一般傳統調性的頁面，多用宋體或楷體書寫。

顏色上紅綠搭配。為什麼顏色紅綠搭配，很有傳統味道？因為紅配綠在中國古代建築中非常常見。

男服緋紅，女服青綠。記住這個辭彙，是一組非常巧妙的色彩搭配。緋紅就是深紅的意思，青綠是偏青的綠色。這樣錯位配色，綠中帶青，不是純綠，避免了直接刺眼的碰撞，也常常用一些與現代顏色相近的中國傳統色號，如魚肚白，咬鵑綠等，以增加色彩上的現代感。

金邊裝飾邊框。中國古代很早就有自己的一套紋飾系統，比如古代的回形紋，雲雷紋、祥雲、如意等等。設計頁面常用的裝飾邊框，比較現代簡潔。小英文和小拼音安排上，都是細節。各種小細節，小點點，細線，圓圈，可以豐富和均衡畫面。

背景網底肌理。不同的肌理，會帶來不同的視覺質感。所以畫面背景如果添加一個網底，會顯得很耐看豐富。一般有傳統調性的背景，都會帶有點雜色質樸的顆粒感。（圖 2-1-3-7 中國國潮）

圖 2-1-3-7 中國國潮

2.2 中西方口紅文化變遷史

2.2.1 中國口紅變遷史

（一）中國舊石器時代紅唇作為宗教圖騰

中國最早使用的口紅的文物證據是舊石器時代（距今 6000 到 5000 年間）的紅山女神像，這個女神頭像最突出的地方是，眼睛是玉做的，嘴唇用朱砂塗紅。先民雕塑時在嘴唇上下了一番功夫，唇部被誇張地放大，上唇的肌肉往外翻，再塗上紅色朱砂，女神欲語欲笑，充滿了神秘感。後來在新時期時代到商末周初的三星堆遺址[27]，也出土了許多唇部塗朱砂的祭祀面具，再次印證了紅唇作為宗教圖騰而誕生（圖 2-2-1-1 三星堆遺址出土的青銅面具與唇部塗朱砂的祭祀面具）。

圖 2-2-1-1 三星堆遺址出土的青銅面具與唇部塗朱砂的祭祀面具

（二）中國古代豆沙色、血紅色、裸色口紅

在中國歷史上，最流行的染唇妝品有兩種：綿胭脂與蠟胭脂。綿胭脂點唇之法主要流行於明清時期，是比較晚期的風氣，這裏且放下不表。蠟胭脂塗唇的歷史更為悠久，且一直延續到清末，因此尤其不應被輕易忘記。（圖 2-2-1-2 古代女性化妝圖）

27　三星堆遺址：三星堆遺址是一處距今 4800 年至 3100 年左右（西元前 2800 年至西元前 1100 年）的古蜀文化遺址，面積達 12 平方公里，是中國 20 世紀重大的考古發現之一。

圖 2-2-1-2 古代女性化妝圖

蠟胭脂在晉唐時稱為「唇脂」或「口脂」。《齊民要術》[28]裏就記載了具體的製唇脂法，是在牛髓或牛脂中加入丁香、藿香兩種香料，上火煎成，然後摻加熟朱砂並拌勻。不過，大致在南北朝末期，口脂製作完成了一次質的改變，即用蜂蠟代替了動物脂肪。

到了唐代，這種唇妝用品的生產達到了空前的高峰，用料之複雜精美、工藝之繁複細緻、配方之豐富多變令人瞠目。大體來說，是將蜂蠟在銅鍋中煎化，同時加入紫草，讓蠟染上紫色，便成為「紫色口脂」。在此基礎上兌入朱砂攪勻，便是「朱色口脂」，即紅色唇膏。一旦在朱色口脂中加入紫蠟與黃蠟，成品接近肉色，則為「肉色口脂」，供男士們冬天潤唇之用。是的，唐宋時代，男子也講究在冬天時塗口脂以避免皴裂。（圖 2-2-1-3 各式口脂）

---

28 《齊民要術》：大約成書於北魏末年（西元533年-544年），是北朝北魏時期，南朝宋至梁時期，中國傑出農學家賈思勰所著的一部綜合性農學著作，也是世界農學史上專著之一，是中國現存最早的一部完整的農書。

圖 2-2-1-3 各式口脂

兌好色的口脂接下來還要添入特配的香油。唐·李商隱《隋宮守歲》詩：「沉香甲煎為庭燎，玉液瓊蘇作壽杯。」這類香油統稱為「甲煎」，憑藉多種香料連同芝麻香油、蜂蜜，通過浸、小火熬、密封在瓶中以微火烘烤等數個環節完成。隨著配料的相異，所成甲煎的香氣也各不相同，於是，調和了不同甲煎的口脂成品在香氣上爭奇鬥豔，芬芳多變。因此，傳統口脂與今日唇膏有個很大的區別，就是散發鮮明的香氣，尤其是唐宋時代刻意追求口脂擁有獨特的香調，這一點在當時成了評判口脂品質高下的重要指標之一。

口脂盛放的方法有兩類：一種是管狀的，著名的《鶯鶯傳》[29]中就提到，張生從京城給鶯鶯捎來禮物，其中有一樣是口脂五寸。其實男生給女生送口紅討其歡心這種事，很久很久以前就發生了。（圖 2-2-1-4 唐代銀質貝盒與唐代金質貝盒）

---

[29] 《鶯鶯傳》：是唐代文學家元稹創作的一篇傳奇。這篇傳奇講述貧寒書生張生對沒落貴族女子崔鶯鶯始亂終棄的愛情悲劇故事。

圖 2-2-1-4 唐代銀質貝盒與唐代金質貝盒

另一類則是盛在盒子裏。其中比較常見的是蛤貝殼，這種貝殼在古代被認為是可以用來放置化妝品的天然容器，唐代甚至還有使用金銀製作的蛤形脂胭盒，蛤蜊油應該算是這類化妝品在中國的最後形態。

而日本傳統化妝中的京紅，還有放置在蛤貝當中的。還有的則放在各種材質的盒子裏，比如磁盒或玉盒當中。像《紅樓夢》中有一個細節說，平兒挨鳳姐罵哭花了臉妝，然後寶玉讓她到怡紅院去補補妝，而使用的胭脂便是放在白玉盒子裏用花露蒸過的，鮮豔異常又甜香滿頰。日本當代的京紅也借鑒了蛤貝形狀的容器。

（三）從漢代的自然飽滿到晚清「一點紅」

從實物圖像上看，漢代的唇妝顯的自然又飽滿。而且即便在古代，口脂事實上也同時作為腮紅在使用。所以前面講的平兒補妝，其實是用簪子挑胭脂膏子，點在唇上抹開，然後將膏子放在手心處打腮紅。但看起來，漢代的時候，女人是不打腮紅的。（圖 2-2-1-5 西漢早期女俑）

圖 2-2-1-5 西漢早期女俑

而到了唐代，女人對於紅妝的熱愛則達到了頂點。她們往臉上塗的胭脂的濃豔，足以與法國大革命前的波旁王朝相媲美了。唐代女性喜歡將嘴唇畫的看上去非常小，所謂「朱唇一點桃花殷」，口脂都集中在中間的位置。在唐代早期，兩腮通向眼瞼處打一層較為淡薄的胭脂，這種情況應該一直持續到了中宗時代。而到了玄宗時代，不僅唇形的部分畫的更加小且豐滿，像盛開的花瓣，兩腮的胭脂也打的又多又濃，幾乎鋪陳了整個臉蛋。當時女性因為塗抹大量的胭脂，以至於汗流出來都是紅色的。比如說楊貴妃，當時人頗為風雅的稱之為「紅汗」。（圖 2-2-1-6 唐時女性塗抹大量的胭脂）

圖 2-2-1-6 唐時女性塗抹大量的胭脂

中晚唐以後，塗抹大量胭脂的風氣不再，當時的化妝似乎與亂世的氛圍特別吻合，元和時代一度流行烏唇八字眉，即今天的棕色系妝容。高宗到武周時代阿斯塔那帛畫中的女子的化妝，唇形畫的小而集中。

宋代流行的是較為清淡的妝容，這種風氣一直持續到明代以及清代早期。在這些時期並不提倡過份醒目的妝容風格，而唇妝也同時轉為某種較為自然的狀態。而到了清乾隆時期，女子開始流行一種只畫下唇的唇妝。隨著時間的推移，從原來下唇塗滿，到了晚清以後則越塗越小，最後只剩下唇中央的一點紅了。（圖 2-2-1-7 晚清時代一點紅的唇式）

圖 2-2-1-7 晚清時代一點紅的唇式

2.2.2 西方口紅變遷史

西方對唇妝的狂熱並不遜於古代中國，國外最早公認的第一支口紅誕生於古埃及。

西方學界認為口紅是誕生於西元前三千多年的蘇美爾文明

[30]，目前發現的最早的口紅位於一個叫 Ur 的古城邦（現位於伊拉克境內），用鉛粉和紅色礦石做的口紅作為陪葬品出現在富有階層的墓裏。而不遠處的古埃及文明在西元前二千多年開始進入輝煌時期，大量出土的壁畫和文物都表明古埃及人極愛化妝。古埃及狂熱的化妝風俗讓口紅第一次走向全民日常，階級圖騰瞬間化為時尚圖騰，這是口紅的第一個黃金時期。

2000 多年前，埃及豔后時代，無論男女都會化妝。誠如今天我們看到的古埃及壁畫圖所示，古埃及人民的的妝容都是重塗黑眼線，配紅色腮紅，加上橙、紅甚至藍色的嘴。這種打扮，不僅僅是出於審美目的，而且具有還保護他們的臉部免受沙漠的嚴酷條件傷害的作用。古埃及人民從象徵永生的甲蟲提取紅色。而千年後，當我們打開在他們的墓葬時，也可以發現大量裝有唇彩等化妝品的貝殼和罐子。

相比古代中東地區對於口紅的寬鬆態度，古希臘人與唇彩的關係則更為複雜。

在古希臘唇色和社會地位緊密相關。紅唇是妓女的職業象徵。這使得這些女性只要在錯誤時間拋頭露面沒有用紅漆塗唇，都可能會因為冒充良家婦女被懲處。她們口紅的主要原料除了紅色染料和葡萄酒渣外，還添加了一些迷汁成分，譬如：羊汗，人類唾液甚至鱷魚排泄物。

第一個聞名於世的口紅控——埃及豔后克裏奧派特拉七世（Cleopatra），對著口紅有著極為苛刻的要求，從而引領古埃及

---

[30] 蘇美爾文明：也叫兩河文明或兩河流域文明，指在兩河流域間的新月沃土——底格裏斯河和幼發拉底河之間的美索不達米亞平原發展起來的文明，是西亞最早的文明。

的時尚潮流和推動了口紅製作技術。

古希臘從西元前 800 年開始發展，在希臘文明早期的女性不好化妝，只戴假髮和梳誇張的髮型，只有妓女才會塗口紅，（也稱之為死亡之吻）。（圖 2-2-2-1 古希臘妓女）妓女們用桑葚、海藻以及不太安全的朱砂調製出口紅顏色，甚至從水銀和硫化物中提取紅色物質作為口紅的原料，當然，這些都具有相當大的毒性。此時，第一條關於口紅的法律也就此誕生——在錯誤的時間、或沒有塗上指定口紅和化上指定妝容而出現在公共場合的妓女，將會受到處罰。第一次，口紅、性和女性聯繫在一起。

圖 2-2-2-1 古希臘妓女

（一）社會等級的指示器：古羅馬時期口紅的使用達到巔峰

此後，在羅馬帝國統治下，口紅再次變得男女通用。作為身份的象徵，上流社會的女性開始嘗試唇妝。據說，臭名昭著的 Nero 大帝的妻子 Poppaea Sabina 就有 100 名侍從隨時準備為她畫唇，以保證她是整個羅馬上流社會最靚的女人。桑果，檸檬，玫瑰花瓣和酒糟是當時流行的古法口紅的主要原料。比起之前古希臘粗糙簡單的口紅配方，果然供給上流的社會的製作方法要好太多了。

羅馬帝國緊隨著希臘文明之後崛起，西元前 150 年起口紅被廣泛使用，香料和化妝品的使用又到達了一個歷史的巔峰。在富饒放蕩的羅馬帝國，口紅在社會階級和女性身份間搖擺，造成了階級和性別的圖騰的同時持續強化。

與此同時，在西元 9 年的中東，阿拉伯科學家 Abulcasis 在研究香水原料的過程中意外地發明了固體唇膏。於是固體口紅就這樣帶著迷信和邪惡色彩走入人們生活。

（二）女性烙印：中世紀口紅真正屬於女人的專屬品

西元 500 年左右歐洲中世紀黑暗時代降臨，戰爭頻繁、生產力發展滯後、疾病肆虐。這個時期教會對女性的態度，決定了口紅的走向。

羅馬帝國衰落後，西歐步入黑暗的中世紀。此時，化妝品與宗教產生衝突，教徒們一致認為包括口紅在內的化妝是對神靈的褻瀆。在他們的概念中，蠻族男子在入侵戰役中才會把自己的臉和嘴塗成藍色，而面帶妝容的女子則是撒旦的化身。化妝的人們需要在祭司面前懺悔自己的行為。

總體來說，教會對口紅是持反對態度，而且這種宗教批判在中世紀不斷地加深。原因在於中世紀的教會推行禁欲教義。經過中世紀的洗禮，口紅被賦予了強烈的女性烙印，樹立起性別壁壘，此後的一般男性塗口紅就會被視為一種性別顛倒的行為。

然而在十字軍在東征期間，中東人民對於化妝品迷戀深深地影響到了歐洲的土豪們。為了安全地趕潮流，歐洲土豪們選擇請煉金術士製作念過法的口紅。而黑市小販則也開始兜售一些號稱「海淘」來的化妝品。「病態的白」成為中世紀的時尚潮流。為了顯皮膚白，女性們選用玫瑰花瓣和羊脂調製梅色口紅。至於信仰和教會的那些言論，在「美」面前女士們當然是選擇背叛。

伊莉莎白[31]一世也是一個口紅的狂熱愛好者，她甚至用胭脂蟲、阿拉伯樹膠、蛋清、無花果等混合製出了專屬於自己的口紅。（圖 2-2-2-2 伊莉莎白一世）

圖 2-2-2-2 伊莉莎白一世

而此時的威尼斯是西方最繁榮的城市之一。它遠離了中世紀歐洲的落後和貧窮，正一枝獨秀。威尼斯上流社會的女性們使用亮粉色口紅（死亡芭比粉），而普通婦女群眾則使用磚紅色。直到在文藝復興時期，由於當地紅燈區生意實在過於火爆，良家婦女們為了區別自己，於是再度放棄塗口紅。

接著，化妝品終於火到了英國。愛德華四世[32]時代，口紅又變成了男女通吃的單品（圖 2-2-2-3 愛德華四世）。國王本人對一些唇彩進行了命名，如「Raw Flesh」。

---

[31] 伊莉莎白：「伊莉莎白」這個名字起源於希伯來語人名以利沙巴，在舊約中這是亞倫的妻子的名字。「以利沙巴」一詞的字面意思是「以上帝的名義起誓」。

[32] 愛德華四世：約克公爵理查·金雀花與塞西莉·內維爾之子，出生於法國的盧昂。父親理查於 1460 年在韋克菲爾德戰役戰死後，愛德華四世成為約克派首領。1461 年，在表親理查·內維爾，與第十六代沃威克伯爵支持下於莫提梅路口戰役打敗亨利六世，並於倫敦即位。

圖 2-2-2-3 愛德華四世

在 19 世紀和文藝復興時期的後期的藝術作品中，我們可以發現大量男人塗口紅的實錘。Tom Ford 曾推出過 50 款以男性名字命名的限量口紅 Lips&Boys 系列，要是能穿越到當年，怕不是可以吸引一眾男粉按名選購。

就這樣，口紅又在一輪起落後，帶著黑暗時代的神秘吸引力重新回到上流社會的懷抱中。英國的首席帶貨女王伊莉莎白女王一世，不僅瘋狂熱愛口紅，還自己搞發明。據說她用的唇線筆就是其作品之一，方法是將顏料與巴黎灰泥的混合物揉成鉛筆形狀，並在陽光下晾乾。女王認為口紅可以抵禦疾病，甚至選擇帶妝去世。

女王的帶貨作用之巨大可想而知。女王同款「英格蘭大紅唇」分分鐘紅遍整個大英帝國。主流社會全都瘋狂迷戀口紅及其背後所謂的神秘力量。在當時的英國口紅甚至可以代替金錢進行交易。

而在隔海相望的法國，民眾在劇院追劇時受到啟發，於是不論男女都公開畫大紅唇。

（三）口紅成為時尚風潮：法國路易王朝流行大紅妝

文藝復興[33]帶來了全新的思潮，17 世紀的法國路易王朝流行大紅妝。在維多利亞女王喪夫以後，時尚風潮更趨保守，誇張豔麗的貴婦形象不再流行，以纖弱秀氣、文靜嫻雅的淑女形象為美。到 19 世紀的下半葉，男性已經默許女性塗口紅了，商店也公開售賣口紅。

中世紀賦予口紅的女性圖騰內核還在強化，只是不再以宗教和性的解讀為依託，而成為了一種理所當然的社會常識。

（四）18 世紀：花樣美男風格在歐洲大肆流行

18 世紀的貴族中，男性同樣追求精緻。口紅、腮紅、遮瑕、假髮、蕾絲、指甲油一應俱全。

在同期的油畫中，我們不難看到身穿緊身背心，腳踩高跟鞋，戴著精緻假髮的男性形象。他們這樣的群體被稱呼為「macaroni」[34]。

而同時代的美國婦女們也正模仿歐洲上癮。為了讓自己唇色鮮豔，她們想出了選擇用紅色緞帶在嘴上來回摩擦，並攜帶檸檬沒事就吮兩下的「絕妙」辦法。

歷史輪迴屢試不爽。在又被捧上天後，口紅的事業在進入維多利亞時代後又慘遭滑鐵盧。維多利亞女王在丈夫阿爾伯特親王死後的寡居歲月中，面無表情地在整個帝國範圍內對口紅施加了

---

[33] 文藝復興：「文藝復興」的概念在 14-16 世紀時已被義大利的人文主義作家和學者所使用。當時的人們認為，文藝在希臘、羅馬古典時代曾高度繁榮，但在中世紀「黑暗時代」卻衰敗湮沒，直到 14 世紀後才獲得「再生」與「復興」，因此稱為「文藝復興」。

[34] Macaroni：譯為通心粉，後又有紈絝子弟之意。

禁令，宣佈口紅是不誠實和不禮貌的。然而，女王的禁令並不能阻止愛美的婦女們偷偷叛逆，畢竟又不是她們守寡。就這樣，口紅在地下口紅協會和秘密美容機構中繼續繁榮交易。

（五）19和20世紀之交：以堅挺之姿面對動盪

劇場的女演員們再度引發了口紅熱，她們把口紅從舞臺帶向了大街小巷。1880年，女演員Sarah Bernhardt在公眾場合塗口紅的行為在當時掀起了軒然大波。就這樣口紅象徵起了叛逆主義，並且很快開始與不斷發展的婦女維權運動相融合。之後，英美女權主義的領導人 Elizabeth Cady Stanton和 Charlotte Perkins Gilman都在公眾場合以紅唇示人。

隨著好萊塢黃金時代的到來，攝影棚的鎂光燈進一步美化了Clara Bow和Theda Bara這樣的時尚女明星的丘比特之唇。於是，世界各地的女性們都開始賣力效仿她們。當時的化妝師發明了一種用粉底液遮蓋唇部自然輪廓，僅僅點染唇中的化妝方法。Clara Bow就非常喜歡這種造型，並用於各種雜誌封面。（圖2-2-2-4 Clara Bow）

圖 2-2-2-4 Clara Bow

（六）紅唇軍：女性塗口紅就是參與戰爭的有效方式

世界大戰時期，歐洲的口紅生產受到供給限制。然而在美國，口紅卻變成了面臨危險時提高士氣的象徵。不僅工廠女工的更衣室裏存放著大量口紅，海軍陸戰隊女兵的「Montezuma Red」口紅色號也被廣泛流傳。有的口紅甚至被設計成了成雙筒望遠鏡和應急手電筒的象形。對於美國而言，口紅已成為戰爭時代不可或缺的物資，且變成了女性堅韌不拔和愛國主義的象徵。

到了 1970 年代，口紅再次男女通吃，變成了與世俗對抗的工具。黑色、紫色大熱，並且深受搖滾樂手的追捧。Bowie 和 Lou Reed 都是口紅的忠實愛好者。子彈頭口紅設計靈感是從戰爭中來的。

（七）1930 年代末：口紅產業從初具規模到走向巔峰

當時一個較大的口紅製造商 Tangee 發起了一場大規模的行銷活動「戰爭、女性、與口紅（War, Woman, and Lipsticks）」。鼓勵女性塗上明豔的口紅，展現勇氣和魅力，來激起舉國昂揚的鬥志。女性塗口紅就是參與戰爭的有效方式，婦女們被鼓勵塗抹大紅的口紅進入到工廠或軍隊，作為對士氣的鼓舞。海軍規定，軍隊婦女們的口紅顏色必須與她們制服上紅色臂章和帽子上紅色細繩的顏色相搭配。

塗著口紅的女士曾稱為「撒旦的化身」，雖然批判聲此起彼伏，但都沒能阻止口紅和人類一起走過中世紀的漫漫長夜，走過文藝復興，走過二戰和婦女解放運動，最終全面進入了女性的生活。

（八）進入21世紀：獨立身份的象徵

隨著世界女性的不斷解放和人們對於性別流動認可度的不斷提高，口紅也再次成為人們追求美和追求變革的象徵。

口紅的配方已經在過去的數千年的時間被不斷完善。當我們沿著那些被遺忘的足跡一路走來，穿過古老的墓葬以及那些或混沌或明亮的時代，我們不難發現口紅的發展史始終伴隨著人類追求自由的腳步，並且在性別解放和各種運動中承擔著力量和身份的象徵。[35]

---

[35] 引述自 https://zhuanlan.zhihu.com/p/133155166

第三章　世界現代彩妝流行色

伴隨著彩妝消費的發展，口紅逐漸成為越來越多女性的生活必需品。

口紅有唇釉、唇彩、唇膏、潤唇膏（圖 3-1-1 從左到右唇釉、唇彩、唇膏、潤唇膏）等多個種類，按質地可分為固態、啫喱、水液、乳液、油質、膏狀等，按妝效可分為啞光、水光、絲絨，按功效可分為遮瑕、修護、滋潤、提亮膚色等等。口紅最主流的分類是根據質地、形狀的不同，主要分為液體口紅、棒狀口紅、盤狀口紅三大類。

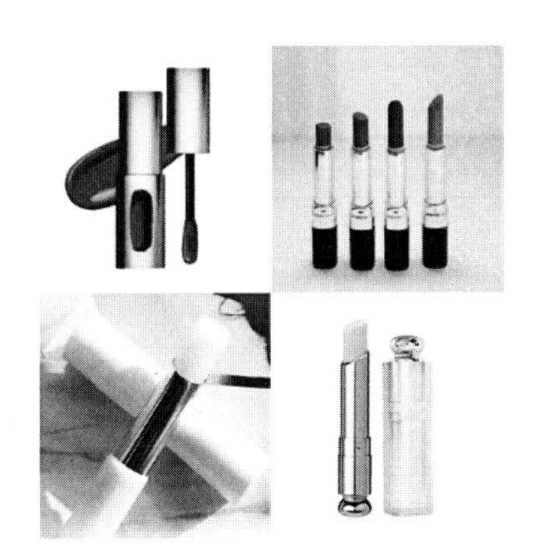

圖 3-1 從左到右唇釉、唇彩、唇膏、潤唇膏

調查顯示，近六成（62%）的中國都市女性消費者表示幾乎每天都會化妝，在化妝時消費者只能選擇 3 種必不可少的產品情況下，口紅/唇彩（63%）、BB/CC 霜（49%）和粉底產品（41%）位居前列。可見，隨著人們對美容時尚的追求，口紅已

逐漸成為越來越多女性的生活必需品。

資料顯示，超過 300 萬女性用戶 1 年內購買口紅 5 支以上，且年齡分佈相當廣泛。「90 後」作為口紅消費的主力軍占比超過 50%，50 歲以上的消費者也貢獻了 2%的份額。95 後中有 44.8%每天塗抹口紅，47.3%隨身攜帶口紅，超過 20%擁有 5 支以上口紅。千人千面，這時就需要琳琅滿目的口紅色號來適配不同膚色膚質的需求。

3.1 中外現代彩妝的經典與流行

3.1.1 中國經典口紅色

（一）正紅色

正紅色，古人稱為「絳」，也為茜紅色，其色彩度是最飽和的。（圖 3-1-1-1 正紅色）

《說文解字》[36]稱：「絳，大赤也」。絳色即我們常指的標準「中國紅」。是古代女子的最常用色號，她們非常喜歡用紅色點唇，即成「絳唇」。後來「點絳唇」甚至直接成為一個著名的詞牌名。

「口脂面藥隨恩澤，翠管銀罌下九霄。」絳唇是唐朝最標準的深紅色唇妝，在正式喜慶的場合畫的妝容。武則天出席祭祀登基大典都以絳唇定妝，左右各點一個小紅點。女子結婚的時候也

---

[36] 《說文解字》：簡稱《說文》，是由東漢經學家、文字學家許慎編著的語文工具書著作。《說文解字》是中國最早的系統分析漢字字形和考究字源的語文辭書，也是世界上很早的字典之一

會畫上這種正妝，以示自己是最美的唐女。這也是後世被人們稱為「唐妝」的標準畫法了。正紅色可以說是口紅色號中的王者，絕對的經典色，正紅色百搭，壓得住場面，是隆重場合的首選色。如果想讓正紅色更出彩，極簡的純黑、純白、黑白搭配正紅色，都搭配出極具視覺衝擊的美感。

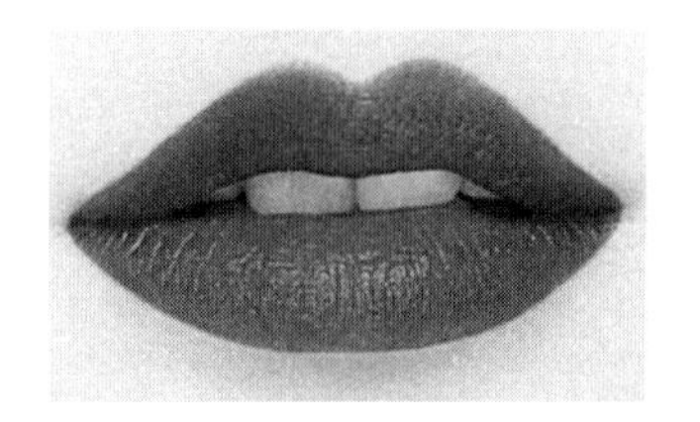

圖 3-1-1-1 正紅色

（二）朱紅

朱紅，即中國紅，是一種顏色（英文：Vermilion，又拼 Vermillion），是紅色顏色之一，介乎紅色和橙色之間。最純正的朱砂出自中國，因此又名中國紅。

宋代的蘇軾〈與滕達道書〉之八：「許為置朱紅累子，不知曾令作否？」冰心《寄小讀者》十八：「落日被白雲上下遮住，竟是朱紅的顏色。」

《兒女英雄傳》緣起首回：「殿上龍案頭設著文房四寶，旁邊擺著一個朱紅描金架子，架上插著四面朱紅繡旗，旗上分列著『忠孝節義』四個大字。」《白雪遺音．剪靛花．朱紅一點》：「朱紅一點下西山，月色東升天色晚。」

明眸皓齒配紅唇，這個朱紅色號和唐朝最出名的石榴裙是最好搭配。女人們春遊秋遊各種遊玩最適合點畫朱唇了，文人墨士看到郊外美女也多是這種。朱唇是最好的出行妝了，和漂亮的綾羅綢緞相得益彰。搭配鮮豔顏色的衣服，點朱唇也是畫龍點睛之神來之筆。就是只在嘴唇的中間點上一點裝飾，兩邊自然暈開，中間深四周淺，女人含蓄之美像畫中人。蝴蝶形、愛心、桃花、櫻桃形……光點朱唇就有超過十七種的畫法。這也就是最早的唇上藝術了。美得有創意，美得有個性。（圖 3-1-1-2 朱紅色）

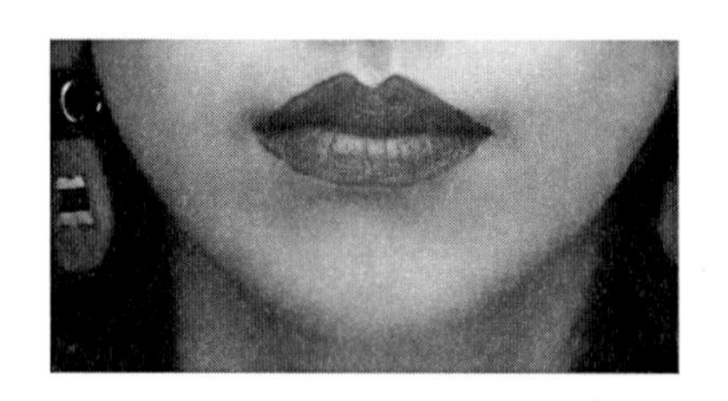

圖 3-1-1-2 朱紅色

朱紅是中國傳統色彩名稱，介乎於橙色和紅色之間。由一種不透明的朱砂製成。由於朱紅之名來自顏色的材料朱砂，是中國傳統藝術中的紅色顏料。所以被稱為朱紅。中國印章用來蓋印的物質就是朱紅色朱砂糊，朱砂顏料也使用中國紅色亮漆中。道教文化中，把朱紅色視為生活和永恆的顏色。由於朱紅色為正色，多用於皇帝的御批中以及皇宮的宮牆裝飾上，官宦人家和地方富豪也常常用朱紅色塗刷大門。故宮的牆體就是朱紅色的。

朱紅色也屬於古代女子的常見色號，顏色介於紅色和橙色之間，接近故宮的宮牆紅。用其畫成的雙唇常稱為「朱唇」、「丹唇」。唐代詩人岑參的〈醉戲竇子美人〉詩中便有描寫美唇的名句：朱唇一點桃花殷。《紅樓夢》中形容王熙鳳出場時也這樣寫：粉面含春威不露，丹唇未啟笑先聞用以描寫她的美豔紅唇。

（三）豆沙色

豆沙色在古代的名字叫做「檀」，盛行於宋代。即淺絳色，詩句中也常用「檀口」來形容女子的紅唇。

唐代韓偓[37]詩中便有：「黛眉印在微微綠，檀口消來薄薄紅。」淺淺的檀口色接近唇色，又能提補人的氣色，這款顏色也是最受年輕女孩歡迎的妝容。據說武則天年輕的時候最喜歡用這款唇脂，檀口色淺滋潤雙唇，香味清雅又非常襯托白色滑嫩的肌膚，搭配素雅的珍珠或白玉飾品，使少女煥發出自然健康的光彩。豆沙色的顯白是眾所周知的，主要是因為顏色很養眼，色調柔和，顯得妝容很日常很舒服。豆沙色適合大多數日常的妝容搭配，讓人雙唇如奶油絲絨般柔美。

這是個百搭的顏色，也可以說一直流行，上唇非常日常的一個口紅顏色。如果排妃位，豆沙色應該是淑妃，比較溫婉賢淑。

豆沙色口紅基本都適合亞洲黃皮，除了部分偏粉色的之外，豆沙色是個很友好的顏色，比裸色顯氣色，也沒有紅色的咄咄逼人，讓人顯得溫柔恬靜。日常出門的時候就可以選這個顏色，因為顏色比較淺，上嘴自然不突兀。

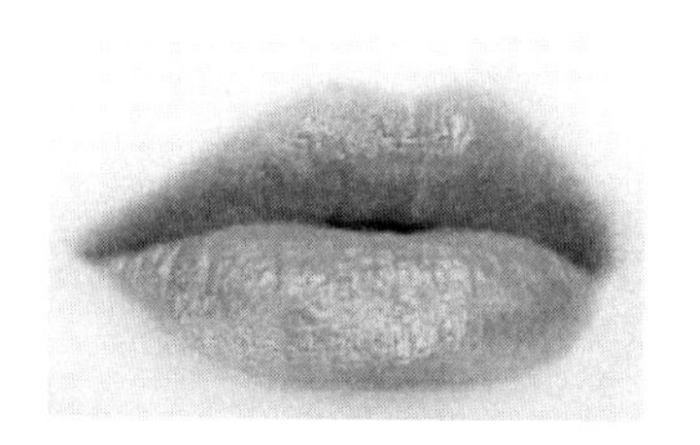

圖 3-1-1-3 豆沙色

---

[37] 韓：韓偓（844 年－923 年），字致光，號致堯，小字冬郎，號玉山樵人，京兆萬年（今陝西省西安市）人。晚唐大臣、詩人，翰林學士韓儀之弟，「南安四賢」之一。聰敏好學，十歲能詩，得到姨父李商隱讚譽。唐昭宗龍紀元年（889 年），進士及第，出佐河中節度使幕府。

（四）黑唇

早在南北朝時期就有了以烏膏塗染嘴唇的黑唇，唐代元和以後，由於受吐蕃服飾和化妝的影響，出現了「啼妝」、「淚妝」；唐・白居易《時世妝》52 詩：「烏膏注脣脣似泥，雙眉畫作八字低。」顧名思義，就是把妝化得像哭泣一樣，當時號稱「時世妝」。後來到唐中晚期開始流行開來。（圖 3-1-1-4 黑唇）

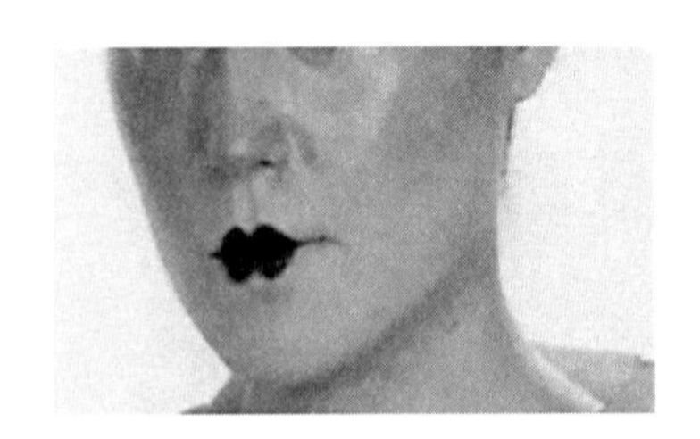

圖 3-1-1-4 黑唇

「羅絲管，陳舞席。劍袖嘿唇迎上客。」中晚唐流行的「烏膏」讓女人帶上一絲神秘色彩和威武英氣。皇室貴族招待貴客，宮女們表演歌舞的最高級別妝容就是塗上烏膏展示黑唇，如配上霸氣十足的劍舞就更加精彩了。後宮女眷們紛紛效仿，讓自己更加嫵媚和風韻。宮廷中地位較高、年事漸長的妃嬪也以黑唇顯示自己的閱歷和悲啼，以期君王發現。這種紅到發黑的唇色十分另類，甚至有點妖嬈，這是女子為吸引男人目光必備的口紅色號。

《新唐書・五行志》就曾描寫這種現象：元和末，婦人為圓鬟椎髻，不設鬢飾，不施朱粉，惟以烏膏注唇，形似悲啼者。就是說當時的女子頭上不戴髮飾，也不擦粉，只塗黑色的口紅，顯得像哭過一樣。

用一種名為「烏膏」的黑色唇膏塗唇，使人的本態盡失，呈現悲啼之狀。但來得快去的也快，這種妝容很快便不流行了。

3.1.2 中國現代流行口紅色

近幾年越來越多的新色號出現，受到中國女性的選擇與認可：

（一）磚紅色

磚紅色總體感覺是偏紅偏棕色的感覺，一般來說顏色也比較深，是有一種沉重的氣場感覺，還帶著復古調，和冬天的大衣和圍巾比較配。（圖 3-1-2-1 磚紅色）

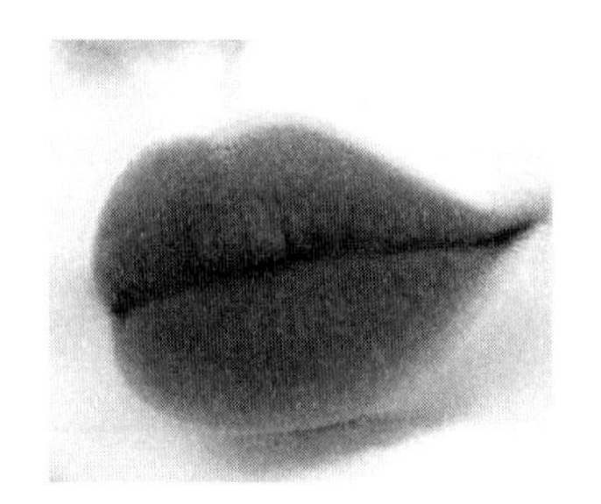

圖 3-1-2-1 磚紅色

雖然不及復古紅經典但也是一款非常受歡迎的顏色，尤其是時尚達人，非常喜歡這個顏色。使用可厚塗可薄塗，厚塗顯氣場，非常吸引眼球。薄塗上色有點橘調，適合用於日常。而且對黃皮膚非常的友好，本身黃皮就適合帶橘調的口紅，磚紅色這款厚塗薄塗兩種風格，完全可以一支當兩支用，而且都非常好看。

（二）楓葉紅

楓葉紅和磚紅色其實有點難分，因為兩個都是比較適合冬天的顏色。相比磚紅色的偏紅調，楓葉紅的色調會很明顯。這個紅濃豔中透露著一股清冷，又帶著復古文藝的感覺，還顯白，適合皮膚較白的人使用。（圖 3-1-2-2 楓葉紅）

圖 3-1-2-2 楓葉紅

（三）姨媽紅

姨媽色，又稱姨媽紅，是一種深紅系列顏色，為 2015 年流行色，被網友調侃為姨媽色。（圖 3-1-2-3 姨媽紅）

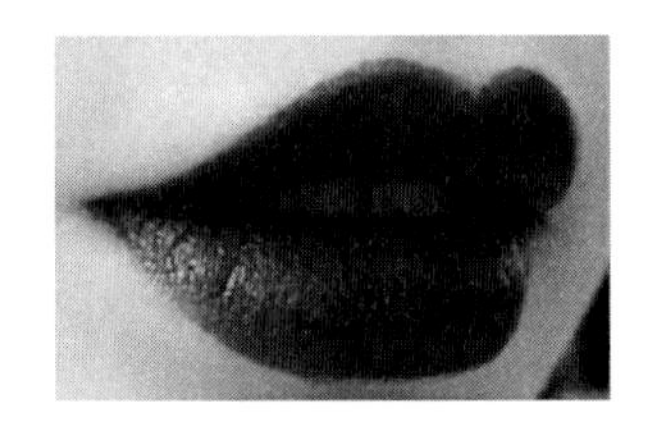

圖 3-1-2-3 姨媽紅

人們說到姨媽色的時候並不局限於棕調，而是泛指棕調深紅、紫調深紅、深紫色等等一系列類似的顏色。

深紅色系是復古風格的代表色之一，簡約的排扣設計裏面搭配白色襯衫或 T 恤再加上黑色的高腰褲，無論是搭配黑色的領結還是機車手拿包都可以顯得格外精緻和復古。深紅色系的大衣造型在性感與優雅中游移，而且非常適合日常生活的搭配。

姨媽色也叫中毒色，一般是歐美女星的最愛，因為歐洲女性的膚色多是冷白皮，配上深沉的姨媽色很有氣場。這個顏色亞洲女性也可以使用，選擇那些改良後顏色不太深的就可以。平常的姨媽色是影視劇黑化女星的裝扮利器，像是甄嬛黑化後換上姨媽色口紅後，上位者的氣場就出現了。塗姨媽色時儘量畫好底妝，乾淨素白的膚色最能襯托出姨媽色的魅力。

（四）車厘子色

車厘子色的口紅並不是特別適合膚色特別黃的女性，因為紅色中帶紫色，顏色非常嬌豔，飽和度也很高，所以黃一白到黃二白，且唇形好看的女性帶妝塗才會給人眼前一亮的感覺。

車厘子色適合任何膚色，黃皮、白皮、黑皮塗著都很好看，超級顯白。帶偏玫紫色調的唇色，這個顏色真的可以讓黃皮白到發光。明亮漿果紅：襯托好氣色，比較暖，視覺上比較活潑。暗系漿果紅，比較高冷，顯氣質，突出女王範兒。（圖 3-1-2-4 車厘子色）

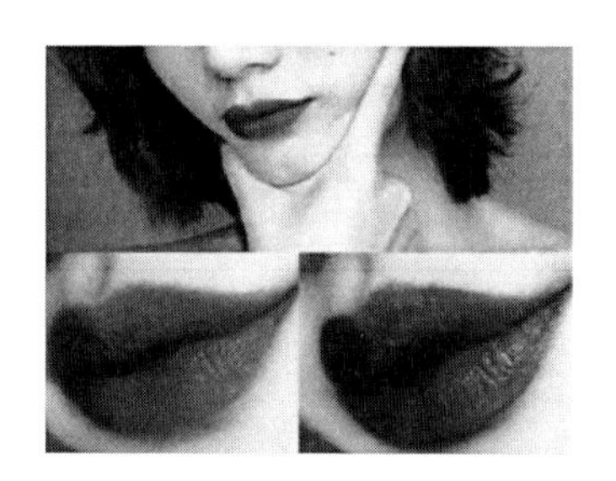

圖 3-1-2-4 車厘子色

車厘子色指的是以紅調為主微微發點玫紅色，但是比玫紅色要日常還顯白的顏色，一般黃皮妹子都能夠很好的駕馭，很顯白的一個顏色，也被稱作「漿果色」。黑黃皮妹子只要不要輕易挑戰粉色系，比如大熱的斬男色、人魚姬等就可以了。車厘子色，紅中帶著一點紫色，特別襯膚色的一個顏色，白皮和小麥色皮膚塗都非常好看，紅豔動人，還有一種性感的韻味。因為顏色非常嬌豔，飽和度高很是顯色，所以上鏡會尤其突出，給人眼前一亮的感覺。就像車厘子一樣，上嘴十分飽滿豐盈，帶著一種貴氣的高級感，漸變的咬唇畫法又會給人一種少女感。

（五）母胎唇色

近幾年一直流行姨媽色，車厘子色等深色系，但在 2019 年開始，卻流行這種接近於唇色本身天然顏色的母胎唇色。沒有這麼多繁瑣步驟，卻能打造出很好的氣色。即便日常素顏出門，也可以使用這種自然口紅色號。母胎唇色就是口紅或唇膏塗上後，整個唇部看上去猶如天生雙唇一樣自然好看。（圖 3-1-2-5 母胎唇色）

圖 3-1-2-5 母胎唇色

母胎唇色相比濃郁的紅唇妝來說，更加具備少女感，有減齡的效果。母胎唇色也代表著溫柔，給人一種溫婉大方的感覺。

（六）奶茶色

奶茶色口紅，是一個介於裸色和淺棕色之間的口紅顏色，對黃皮和深唇色格外友好。不過奶茶色也不是不局限於一種，帶棕調一點的或是帶橘調一點的等等也都能算得上是奶茶色。（圖 3-1-2-6 奶茶色）

圖 3-1-2-6 奶茶色

奶茶色口紅比較適合的膚色有黃皮和白皮，黑皮的女孩子最好不要使用奶茶色的口紅。奶茶色是一種接近蜜桃色的偏棕色調，有一種奶茶的感覺，所以比較適合白皮膚和黃皮膚的女孩子。奶茶色一直可以說是入門級的顏色了，許多女孩子在沒有化妝的時候也可以嘗試這個顏色，這個顏色的存在很日常並且百搭，對於化妝的女孩子來說，這就是一個偽素顏神器。奶茶色是一種介於咖啡和暗紅色之間帶有一點曖昧氣息的裸色調，就好像一杯蜜桃味的奶茶一樣，清新淡雅又帶著一絲鮮嫩甜美，所以這個顏色對於怕顯黃的黃皮膚也是十分友好，對於白皮膚來說，簡直就是美白神器，一種很清新的文藝感迎面而來。奶茶色可以說是很顯氣質又百搭低調的顏色了，對於許多小夥伴來說可是必入色。但是對於黑皮膚的女孩子來說就是一場災難，黑皮膚的女孩子配上這個顏色只會顯得更黑，看起來很糟糕。

（七）斬男色

斬男色，也叫，「直男斬」，是傳說中一款唇膏的顏色，風靡萬千少女，據說塗上這個顏色的唇膏可以斬獲所有直男的心。這種唇膏賣得格外火，就好像塗了它之後就能天下無敵，撩弟無數。

所謂的「斬男色口紅」就是不以牌子論口紅，而是單純的以直男的眼光判斷這款口紅美不美，抹上這款口紅的嘴唇有沒有讓直男覺得很有吸引力。在直男眼裏斬男色就僅僅是大紅嘴唇。直男並不理解，原來一個詞可以來形容一個口紅色號。從西瓜紅、櫻桃紅等還算正常的形容詞，到姨媽紅的慢慢開始。（圖 3-1-2-7 斬男色）

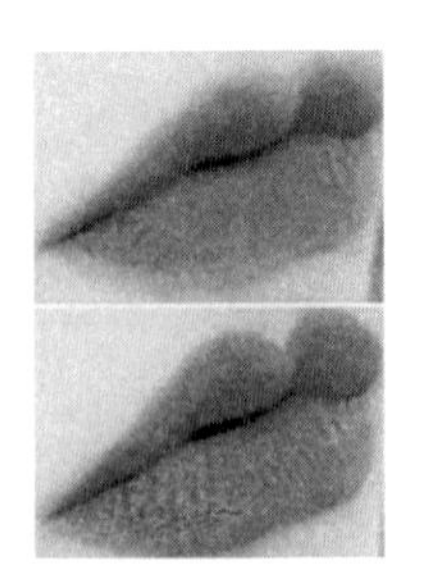

圖 3-1-2-7 斬男色

在刻板印象中，普遍認為男生的心目中，口紅一般被簡單歸類為裸色、粉色、橘色、紅色、深紅色（姨媽紅）這幾個類別。而男生中最喜愛的裸色系是這樣子的：淡淡的裸粉色，營造出清純和無辜感，顯得很溫柔可愛，重點是自然，符合了直男心目中「素顏也好看」的想像。所以市面上出現了斬男色這一色號。

厚唇和薄唇都可以塗，裸妝感十足。滋潤不油膩。黃皮，白皮均適合，薄薄的塗一層就會有一種氣色很好，又沒有濃重的妝容感。

（八）爛番茄色

爛番茄色也是在近兩年流行起來的，因為顏色像成熟的番茄，紅透了還帶著一點深色，所以叫爛番茄。這種顏色比鮮紅看上去更飽滿具有質感，比大紅要更甜美減齡。（圖 3-1-2-8 爛番茄色）

圖 3-1-2-8 爛番茄色

相比較前面的磚紅和楓葉紅，爛番茄色的顏色就會清透很多，前面是氣場女王，那麼爛番茄就是元氣少女，也不會有棕調的感覺，一年四季都可以用。

（九）珊瑚色

珊瑚色是一年四季都可以用的顏色，溫暖、柔嫩，元氣十足，不會過於搶眼，又能很好的襯托氣色，讓人想要不自覺的親近，是日常妝容的不二之選。

珊瑚色，顧名思義就是珊瑚的顏色，融合橘色的元氣和粉色的溫柔，在色彩中脫穎而出，包含既不跳脫，又不沉悶的特點，是一款保留好氣色又不失穩重的絕佳顏色。（圖 3-1-2-9 珊瑚色）

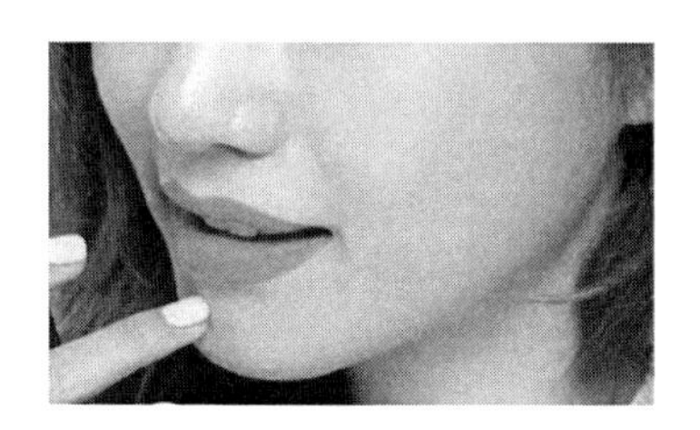

圖 3-1-2-9 珊瑚色

珊瑚色非常鮮豔但又充滿奶油感，是很有活力的橘色與溫柔的粉色混搭出來的顏色。乍一看很像橘色，但飽和度降低很多，而且裏面加入的淡粉色，加重奶油感，會讓人有種很溫潤的柔感，不似粉色過於萌，不似橘色過於活力。因此可以趁出皮膚更亮、更有氣色。

和姨媽色、豆沙紅一樣，珊瑚色同樣是一個常見的口紅色號。明亮又少女，也被稱為「元氣色」。而且珊瑚色和我們亞洲人膚色更接近，所以上臉不會給人濃妝的效果。

（十）西柚色

西柚色，顧名思義，和西柚果肉的顏色相近，是介於粉色、紅色和橘色之間，類似於珊瑚色的一個色系。是今年大熱賣的一款口紅顏色。因為斬男色——西柚色，不論黑皮、黃皮、白皮膚質人人皆能駕馭，也因為受熱門偶像劇影響而大受追捧，晉升為今年的大熱口紅顏色，成為口紅買手幾乎人手一只的色號。（圖 3-1-2-10 西柚色）

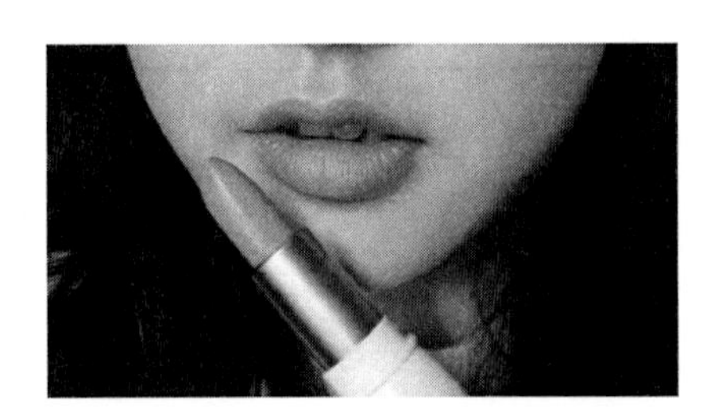

圖 3-1-2-10 西柚色

（十一）人魚色

人魚色就是玫粉色。玫紅色來源於玫瑰的顏色。玫瑰被譽為美的化身，而被用來命名色彩，在 14 世紀的文獻就開始有記載，歷史十分悠長。玫瑰紅的色彩透徹明晰，既包含著孕育生命的能量，又流露出含蓄的美感，華麗而不失典雅。

玫紅色象徵著典雅和明快。它搭配同系色和類似的亮色，製造出熱門而活潑的效果；明快的調性越多，動感越強。而綠色系的色彩給人玫瑰花葉的感覺，搭配起來很協調。通過使用補色的藍色，與其搭配，製造出水流動的效果，襯出了動感。

人魚色口紅適合白皮的女生，也適合部分黃皮女生，但具體還是要看人魚色口紅的底色，如果偏粉色，那麼白皮女生能夠駕馭，如果偏橘色，那麼白皮女生和黃皮女生都能駕馭。（圖 3-1-2-11 人魚色）

圖 3-1-2-11 人魚色

3.1.3 世界現代流行粉底色

粉底的作用，並不是瞬間變白，而是讓膚色均勻、遮蓋瑕疵、提亮膚色，增加肌膚質感。

（一）膚色色調對應粉底色調

受血紅蛋白和表皮的共同作用，皮膚呈現不同的色調，主要分為冷色調，暖色調和自然色調。

冷色調膚色的人群，皮膚會呈現出輕微的粉色或藍色。

自然色調膚色的人群，皮膚既不呈現粉色、藍色也沒有黃色，但介於兩者之間。

暖色調膚色的人群，皮膚會呈現出輕微的黃色、金色。

粉底產品也分為三種色調：「冷色調」，「自然色調」和「暖色調」。有的則只分成冷暖兩類，因為自然色調的粉底冷皮暖皮都可以用。冷色調的粉底呈粉色，對應冷調膚色用。暖色調的粉底呈黃色，對應暖調膚色用。

（二）膚色深淺對應粉底深淺

膚色的深淺意思也就是我們平時會說的粉底顏色「白或黑」。

並不是說冷調都是白皮，暖調就都偏黑，暖調和冷調都有很白或者很黑的膚色。

所以無論是冷調、暖調、中性調的粉底液，都有從淺到深的色號。[38]

3.2 全球年度流行色

3.2.1 2010 年度

（一）年度流行色：I Turquoise15-5519 綠松石

綠松石[39]，一種誘人的發光色調，結合了藍色的寧靜和綠色

---

[38] 引述自 https://zhuanlan.zhihu.com/p/23521850

[39] 綠松石，又稱「松石」，因其「形似松球，色近松綠」而得名。英文名 Turquoise，意為土耳其石。綠松石屬優質玉材，古人稱其為「碧甸子」、「青琅玕」等等，歐洲人稱其為「土耳其玉」

令人振奮的一面，讓我們從生活的日常麻煩中解脫出來，同時恢復了幸福感。在許多文化中，綠松石被認為是一種護身符，一種同情和治癒的顏色，一種信仰和真理的顏色，既代表一種逃避，也指向一種幻想，帶他們去一個令人愉快和誘人的天堂。（圖 3-2-1-1 綠松石）

圖 3-2-1-1 綠松石

這種英文名叫做 Turquoise 的顏色被國際色卡研究院命名為 2010 年的代表色。據他們的研究員說是因為 Turquoise 被認為有護身符的作用，充滿了同情和憐憫，也代表著信任和真理，而其靈感來自廣闊的天空和水。不過在西藏，綠松石確實被認為是神的化身，能避邪並且帶來好運。

這些僅僅是流行的開始，流行色將掌握在彩妝大師們的手中，流行趨勢的動態包羅萬象，流行彩妝也將會有新的雛形。

或「突厥玉」。綠松石是國內外公認的「十二月生辰石」，代表勝利與成功，有「成功之石」的美譽。

圖 3-2-1-2 綠松石色妝容

（二）年度美妝主流色：溫暖珊瑚色

珊瑚色採擷了燦爛的陽光色調，讓妝容洋溢出滿滿的幸福感，就好像沐浴著暖陽灑下的縷縷淡橘色光芒，儘管乍暖還寒，窗外的溫度依舊透著寒風的冷意，但頭頂澄澈的陽光正光彩著我們的臉龐和內心。

1.腮紅清掃鼻樑 帶出淡淡曬傷妝

還記得去年的盛夏嗎？珊瑚色全然席捲了女人的嬌唇和指甲。如果你想在冬天的尾巴大肆擁抱到陽光的美感，就為臉頰浸潤出同樣的色澤吧，掃出似有若無的珊瑚色「曬傷妝」。這份色暈的溫暖源於腮紅輕輕地掃過了鼻樑，落刷輕描淡寫到你幾乎看不出痕跡，只會覺得面容上泛起一層微光的暖調，柔和了整個妝容，表情也跟著輕鬆了些許，紓解了戶外寒冷帶來的緊迫感。

2.唇色留下暖陽溫度 找回自然質感

從冰凍到融化，從禿枝到發芽，氣溫在不經意間點點回暖，就先讓雙唇來汲取暖陽的溫度吧。略泛橘紅的色調正契合這簇陽光的質感，不管是啞光還是珠光都沒有奪目的豔麗，你甚至不需要用唇線來勾勒，我們想要留下的不是性感和冶豔，只是一份採自天然的健康色澤，不慍不火，遠離一切做作的成分。

珊瑚色曾無數次地出現在臉頰上，如此貼近膚色的暖調大可以搬到眉頭與內眼角的凹陷處，拋開棕色系的死板陰影，幫你不動聲色地提高鼻樑。（圖 3-2-1-3 唇色留下暖陽溫度 找回自然質感）

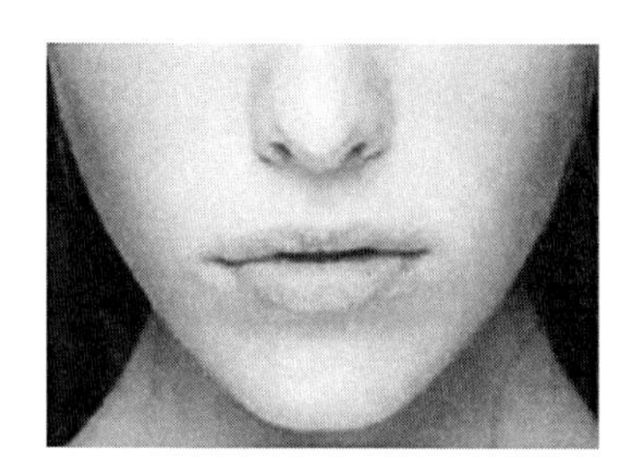

圖 3-2-1-3 唇色留下暖陽溫度 找回自然質感

3.粉紅視覺打破寒冷僵局

從皚皚白雪季復甦的心最渴望用姣好的色彩來調和冬日的單調，不如拈來源自花朵的甜蜜粉紅打破寒意的僵硬，讓花瓶中不可或缺的色彩來見證當下朦朧的復甦。

4. 大膽掃出高位腮紅 為雪後表情加溫

剛從冬日的空氣裏捕捉到一絲溫暖氣息，就已經迫不及待想要換上粉紅的妝容，讓自己衝出寒冬的禁錮。彩妝大師都青睞用粉色為表情加溫，但不同於春光乍現的搶眼豔粉，冬末的粉調更親近膚色，露出滋潤的美感。這份色調正適合搭配你的妝容，給自己添加多一些的溫度感，不再吝嗇地使用腮紅就能讓氣色瞬間轉暖。曾被女人們無限忠實的斜掃顴骨法留在臉上的暖意太過淡薄，抵不過冬末的寒意。讓我們試著提高腮紅的位置，大膽地揮動腮紅刷，把暖暖的粉紅掃至超出太陽穴的髮際處，頓時就給妝容籠罩了一層暖調的光澤。

5.粉潤嬌唇 蘸取回暖的溫度

每一滴晨露都讓人傾心，它的美就在於它總是極致的飽滿和透徹，你是否想像過讓嬌唇擁有一樣的誘惑？是該忘記冬天裏用慣的深色調了，在這個季節給自己一點漸暖的暗示，讓沉悶一冬的心情迅速明快起來。挑一支最適合自己的粉色唇膏，別看這只是唇上的粉嫩，卻讓你牢牢抓住春的氣質。當然，光是調對色還不夠，十足的豐盈感才能堪比晨露的迷人，唇膏後再用透明唇彩點塗在雙唇上，飽滿感驟增。

如果還要更多的復甦魅力，盡可能連眉峰上部的額頭也一起帶過，整個面頰都被柔和的粉微裹著，看起來有著初醒時的害羞，正像櫻花漫天時獨有的曖昧和悸動。

另外，在嘴角肌膚上輕點淡粉色高光粉，用食指斜向上塗開，會意外地發現，自己隨時都帶著淡淡淺笑，上揚的嘴角比剔透晨露更懂醉人。（圖 3-2-1-4 粉潤嬌唇 蘸取回暖的溫度）

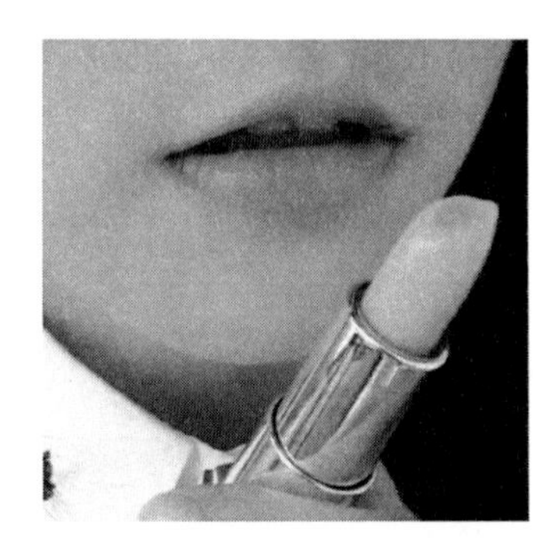

圖 3-2-1-4 粉潤嬌唇 蘸取回暖的溫度

（三）2010 年度美妝主流妝

1.明亮米色 融化冬妝寒意

就快立春了，從雲頂透下的陽光燦爛得恰到好處，泛著米白色的朦朧光感，溫暖但不耀眼，斜斜地照進房間，帶著不同於以往冬日的溫度，像軟軟的薄紗敷在身上。連香奈兒小姐也忍不住留戀這般米色的單純，它融入冬的潔淨，也親吻了暖陽的光澤。（圖 3-2-1-5 明亮米色　融化冬妝寒意）

圖 3-2-1-5 明亮米色　融化冬妝寒意

2.提亮膚色　煥發冰融光感

一整個冬季我們都把自己包裹得嚴嚴實實，眼看枝頭雪盡，還不趕緊來場蛻變，用光澤喚醒肌膚之美。把從大地色系跳脫出的明亮米白加入底妝，就能讓妝容煥發由內而外的好氣色，也能藉由珠光的折射把礙眼的瑕疵和紅血絲掩飾掉，調節出更通透的肌膚質感（圖 3-2-1-6 提亮膚色　煥發冰融光感）。

圖 3-2-1-6 提亮膚色 煥發冰融光感

3.米色閃爍　眼神透出柔美溫度

早已厭倦了身上一如往日的灰黑蘭色調，該挑怎樣一種顏色為眼神加溫呢？太暖調的眼影容易暴露出亞洲人腫眼泡的弱點，浮腫感會吞噬掉你的眼神。這個季節要選擇米色這種似暖非暖的色調，有光澤的質感能強調神采，顏色又很貼膚色，就算大面積塗滿眼眶也不覺突兀，還能襯出很好的輪廓感。

4.紫色焦點　一抹漸暖的驚豔

走過街邊的花店，雖然紫色小花只是碎碎地點綴其間，卻是出乎意料地搶眼，像極了女人不經意間的嫵媚。在脫掉厚重外衣時，別忘記把紫色可人的天性放大為妝容的亮點，讓一丁點兒的色彩成為復甦時節最明快的一筆。（圖 3-2-1-7 紫色焦點）

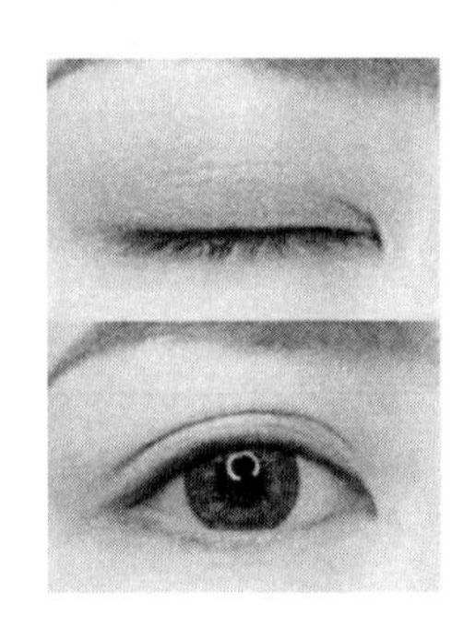

圖 3-2-1-7 紫色焦點

5.睫毛易色　眼神霎時精彩

紫色獨特的光彩讓它成為去年的 T 臺大熱，它百搭的隨性就像花店裏搶眼的小紫花，只那麼一點點的顏色，已經足夠讓你記住它的美麗。很多女孩也最癡迷紫色，神秘、誘惑、性感……很多有力的辭彙都被用來形容紫色的與眾不同，但當紫色被融入妝容，可要好好掂量一番了。其實不需多筆，只要重複兩次刷出濃密的紫色睫毛就是非常精彩的眼妝，要知道睫毛可最會配合眼神來表達內心的。

6.微紫暈染　眼角洩露春光

女人因紫色而高貴，並不因為強烈的用色，而是借用了色彩本身的氣質，即使是淡淡的修飾雙眼，也能展現出與眾不同的韻味。不必像用其他顏色的眼影那般層層疊加，只是在打過底的眼睛上薄薄地塗開，微微暈染開深紫色眼線，眼睛就會透露出欲訴還羞的嫵媚。[40]

3.2.2 2011 年度

（一）年度流行色：I Honeysuckle 18-2120 忍冬紅

忍冬花[41]，讓我們勇敢地面對每天的麻煩，充滿活力，令人振奮。它提升了我們的精神，克服了逃避，灌輸了信心、勇氣和精神來迎接日常生活的挑戰。忍冬紅，一種勇敢的新顏色，一個勇敢的新世界。它還可能帶來一股懷舊情緒，讓人想起春天和夏天無憂無慮的日子，是一種適合所有季節的顏色（圖 3-2-2-1 忍冬紅）。

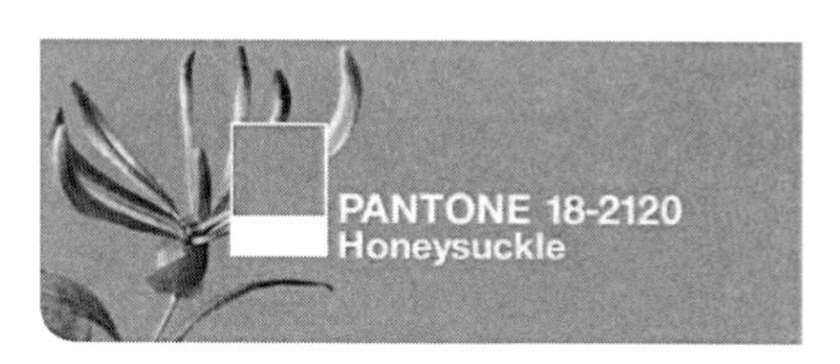

圖 3-2-2-1 忍冬紅

---

[40] 引述自 http://eladies.sina.com.cn/beauty/p/2010/0122/0850963345_4.shtml

[41] 忍冬花：垂紅忍冬（學名：Loniceraxbrownii cv. Dropmore Scarlet）是忍冬科、忍冬屬貫月忍冬與硬毛忍冬的雜交種布朗忍冬的栽培變種。垂紅忍冬綠葉紅花，十分醒目，是春、夏季觀花灌木。適宜小庭園、草坪邊緣、道路兩側和假山前後點綴有較高的觀賞價值。紅花岩生花蕾供藥用。

（二）秋冬流行色：暖冬深咖

色彩趨勢單從色卡上看單調又乏味，用時裝和彩妝來詮釋則形象得多。我們介紹過 Pantone 發佈的 2011 秋冬流行色之一的夾竹桃紫（Phlox），今天我們要另外一款秋冬流行色：深咖色（coffee liqueur 18-0930）。據 Pantone 的解讀，這是一款混合了泥土和濃咖啡色澤的色調。（圖 3-2-2-2 暖冬深咖）

圖 3-2-2-2 暖冬深咖

咖啡色系總能在秋冬季節捲土重來，貼近大地的色調給人溫暖和安全感。咖啡色眼影是每個女孩梳粧檯的必備，利用它你很容易打造出今季流行的咖啡色煙熏妝，就如 DSquared2 秀場一樣。而專業彩妝師也建議用深咖啡色眼線代替黑色，能讓你的眼睛看上去更明亮。至於其他選擇，essie 的漆光指甲油色澤濃郁，塗抹在指尖有巧克力一般的誘人色澤。

（三）美妝主流妝

1.紅韻唇香

2011 春夏的美妝潮流色風向標之一便是深紅色系列。和之前明亮的正紅色不同，2011 年的紅色更偏向深色，越深邃越美麗，甚至帶上一點黑色也不為過。各大品牌紛紛推出了深紅偏黑色系的唇膏，有酒紅色、有黑莓色等，推薦根據自己的膚色與喜好備上一支。（圖 3-2-2-3 紅韻唇香）

圖 3-2-2-3 紅韻唇香

由於整個妝容屬於深色調，因此在日常生活中，粉底的顏色不能選擇過於白嫩的色系。最好選擇比自己膚色深一個色號的粉底，否則蒼白的臉搭配深邃紅唇會顯得過於誇張。

唇部是該妝容打造的重點。選擇一款深紅色的唇線筆勾勒出唇部的輪廓，以唇線筆蘸取同色系唇膏後均勻塗滿整個唇部。注意不要畫出唇線範圍。

由於重點在於唇部，所以眼妝上可以摒棄鮮豔繁瑣的眼影，將眼線作為眼妝重點即可。先用銀灰色眼影打底，再用眼線膏描繪，最後用眼線液精細勾勒出整體輪廓，這樣一條相當富有創造性的深邃眼線便應運而生了。由於口紅顏色偏深，可以在眼瞼上再疊加一層具有閃亮效果的絨灰色眼影，增加眼部的閃耀感，令整體妝效更亮眼。

2.魅惑煙熏

煙熏眼似乎從來沒有退出過潮流舞臺。極致濃黑的誇張煙熏更刮起了一輪新的煙熏熱潮，尤其是參加派對時，濃重惹眼的煙熏讓你立刻成為全場焦點。深邃的眼影色彩加上飛揚的眼線對於東方女性而言太重要了，它可增加眼睛的立體度，使眼睛變得大而有神。裸粉橘色的唇色與濃重的眼線相得益彰，創造力十足。（圖 3-2-2-4 魅惑煙熏）

圖 3-2-2-4 魅惑煙熏

3.2.3 2012 年度

（一）年度流行色：I Tangerine Tango 17-1463 探戈橘

探戈橘，一種活潑的橘紅色，繼續為我們充電和前進提供所需的能量。探戈橘是一種具有深度的色彩，讓人想起日落時的景象，它將紅色的活潑和黃色的友好結合起來，形成一種高可見度、散發熱量和能量的磁性色調。它是一種引人注目的探戈，有點異國情調，但是非常友好，沒有威脅，複雜卻又同時富有戲劇性和誘惑力，在男人和女人中特別有吸引力。（圖 3-2-3-1 探戈橘）

圖 3-2-3-1 探戈橘

（二）年度主流妝

1.裸妝風潮

準備嘗試這樣的裝扮吧：高中啦啦隊女孩訓練結束後直接回家的狀態，因為今年對於「裸妝」風格妝容的最佳詮釋聚焦於旨在重塑「剛從戶外運動回來」的那種撲面而來的青春氣息。（圖 3-2-3-2 裸妝風潮）

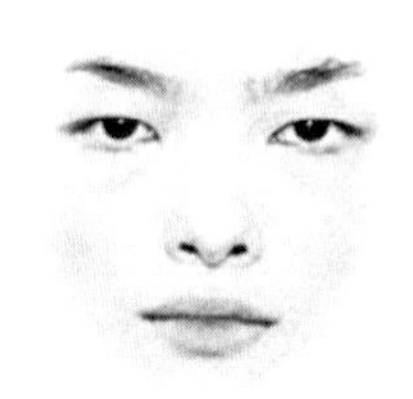

圖 3-2-3-2 裸妝風潮

2.摩登風格的回歸

流行指向標或許會忽略這種流行，但是高亮度的白色或香檳色眼線卻是跟隨這種潮流最簡單最自然的元素。（圖 3-2-3-3 摩登風格的回歸）

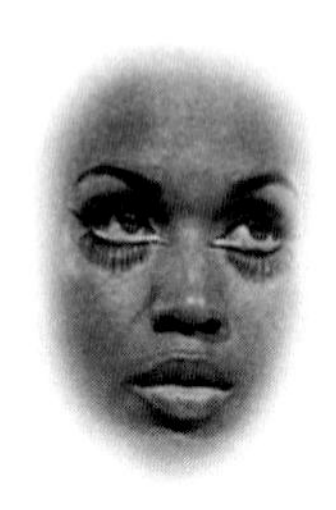

圖 3-2-3-3 摩登風格的回歸

3.彩色挑染

還記得 90 年末 00 年初那段時間，很多人都突然開始嘗試薑黃色條紋染髮嗎？現在要說的與那時完全不同。試著把彩色挑染想像成一種更溫和的，更有品位的傳統條紋式染發的繼承者。還可以在頭髮上別一枚顏色較為可愛和柔和的髮夾。（圖 3-2-3-4 彩色挑染）

圖 3-2-3-4 彩色挑染

4.嶄露頭角的橘紅色

明亮活潑的橘色是 2012 年最具代表性的顏色，它在美甲，唇彩以及眼影等美容的各個方面都被廣泛應用。它是一種必不可少的顏色，特別是在打造柳丁妝或是奶昔感的腮紅時尤為重要。（圖 3-2-3-5 嶄露頭角的橘紅色）

圖 3-2-3-5 嶄露頭角的橘紅色

5.大範圍的眼線

就算技巧嫺熟的素描家在面對 L.A.M.B 這款加長且修飾眼瞼的獨特眼線時，也會覺得是一種挑戰。這種往水平方向延伸的埃及豔后式眼線，假如選用不同尋常的顏色，如鐵藍色就更為精緻了。（圖 3-2-3-6 大範圍的眼線）

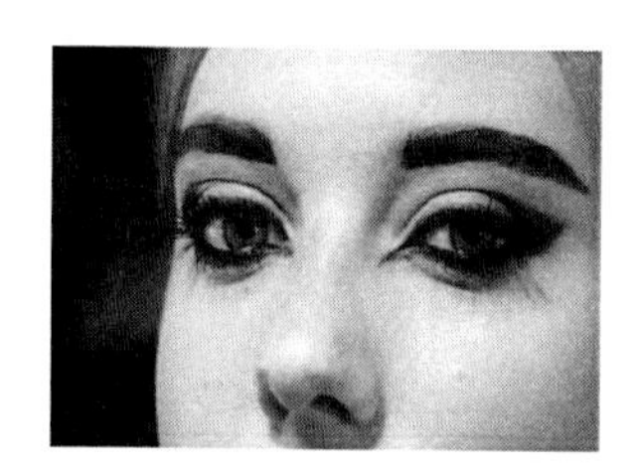

圖 3-2-3-6 大範圍的眼線

6.粗重濃眉

厚重、濃密的眉毛曾經流行一時，取代了細細修飾過、鉛筆般纖細的柳葉眉，但是很長一段時間濃眉不再流行。2012 年濃眉又回歸，其實每個人都可以嘗試這種獨特的造型。（圖 3-2-3-7 粗重濃眉）

圖 3-2-3-7 粗重濃眉

3.2.4 2013 年度

（一）年度流行色：I Emerald 17-5641 翡翠綠

翡翠綠，一種鮮豔的翠綠，能夠激發洞察力。活潑、蔥郁、優雅美麗的顏色增強了我們的幸福感、平衡感和和諧感。翡翠的感覺是複雜和奢華的。在許多文化和宗教中，這種明亮、壯麗的色調一直是美麗和新生命的顏色，也是增長、更新和繁榮的顏色。翡翠綠帶來了清晰、更新和復興的感覺，同時也吸引了我們的注意力、想像力和集體的目光。（圖 3-2-4-1 翡翠綠）

圖 3-2-4-1 翡翠綠

（二）年度美妝風格變化

春天的到來，萬物復甦，到處都充滿著生機勃勃，世界又恢復絢麗多彩。女孩們的妝容也從冬日的濃豔沉冗變成了春日的清新絢麗。

1.趣味百變眼線

眼線是春夏大熱門。本季眼線加入了不少新鮮元素，突破常規的眼線畫法，大膽改變眼線的顏色，給人感覺更有趣味，色彩斑爛。（圖 3-2-4-2 趣味百變眼線）

圖 3-2-4-2 趣味百變眼線

2.霧感小煙熏

本季霧感煙熏妝仍然大熱。東方女性眼窩不像西方人那樣深邃，所以，用小煙熏妝來凸顯眼睛的層次，效果恰到好處。在暈染的色彩中散發出時尚氣息，展現神秘感（圖 3-2-4-3 霧感小煙熏）。

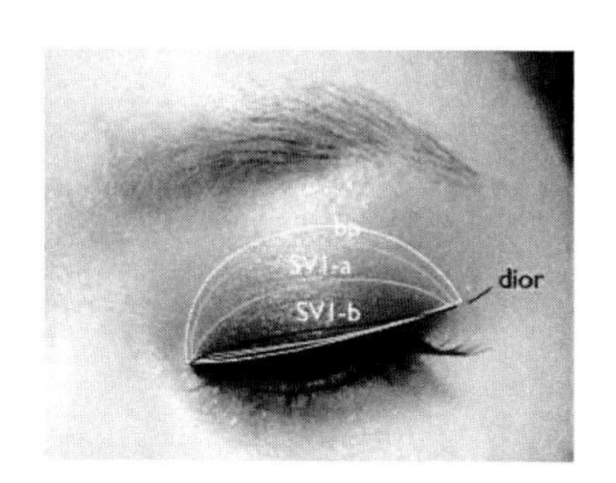

圖 3-2-4-3 霧感小煙熏

3.中性小粗眉

細心的你一定發現，如今粗眉已成為流行時尚造型的必要元

素之一。的確，濃密的粗眉可以弱化女性柔美的特製，讓造型更時尚。（圖 3-2-4-4 中性小粗眉）

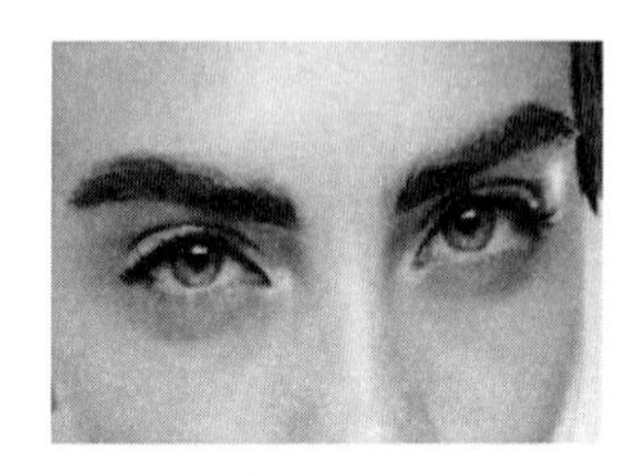

圖 3-2-4-4 中性小粗眉

4.天鵝絨無瑕膚質

健康而滋潤的肌膚總是那麼受歡迎，在春季，先前秋冬慕斯般的光澤感膚質被天鵝絨般的質地所取代。在很多秀場，都能看見那些富有質感的肌膚，彷彿給面頰蒙上一層薄霧，將瑕疵100%消除。（圖 3-2-4-5 天鵝絨無瑕膚質）

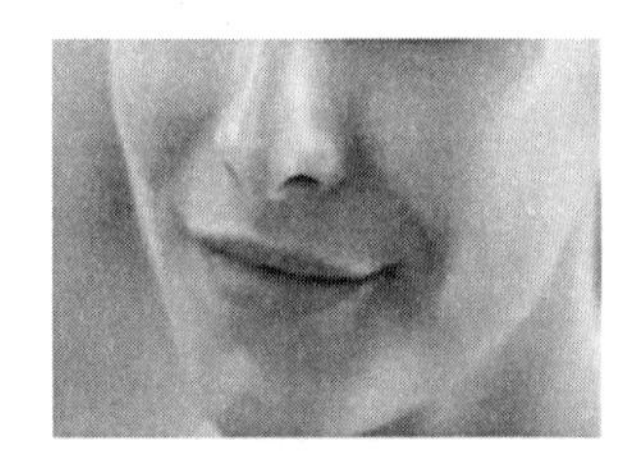

圖 3-2-4-5 天鵝絨無瑕膚質

5.玫瑰甜蜜誘惑

如果覺得大紅唇顯得過於高調，那麼玫瑰系的唇色，加上如玫瑰花瓣絲絨質感的唇效，一定有雙唇甜蜜、粉嫩的誘惑感覺。（圖 3-2-4-6 玫瑰甜蜜誘惑）

圖 3-2-4-6 玫瑰甜蜜誘惑

6.一抹夢幻深藍

今季秀場藍色的大眼睛，讓人印象格外深刻。它比黑、灰色更有豐富的層次，能化身為大海的深邃，也可以變做繁星的閃耀來點亮雙眸，讓妝容乾淨而神秘，猶如精靈一般。（圖 3-2-4-7 一抹夢幻深藍）

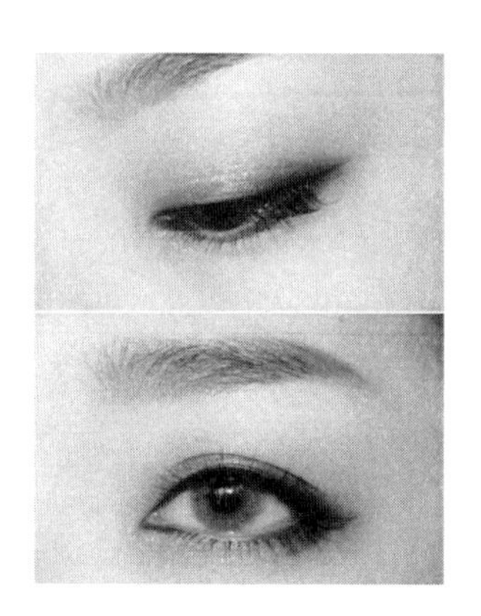

圖 3-2-4-7 一抹夢幻深藍

7.就要閃亮耀目

這一季，大量絢麗的糖果色、螢光色、亮片以及水鑽。紛紛妝點在臉上，使眼妝和雙唇都鮮嫩可人！充滿活力，強調出令人窒息的美感。（圖 3-2-4-8 就要閃亮耀目）

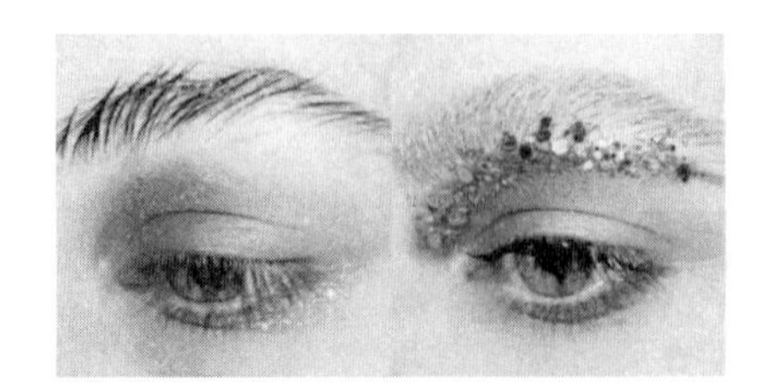

圖 3-2-4-8 就要閃亮耀目

8.恣意微光棕

接近裸妝的棕色系妝容，已連續幾年成為最時髦的彩妝，今年也不例外，在前些年幹練的作風裏融入了更細膩的光澤感。簡單的妝容，更好地呈現出輕薄透亮的質感。（圖 3-2-4-9 恣意微光棕）

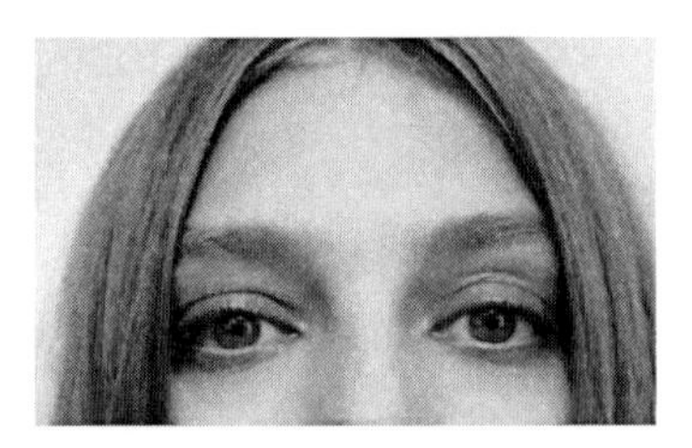

圖 3-2-4-9 恣意微光棕

9.烤布丁般雙頰

這一季仍延續去年秋冬的溫暖腮紅，只是妝容轉化為應景的橘色曬傷妝，令人聯想到新鮮烘培的烤布丁。（圖 3-2-4-10 烤布丁般雙頰）

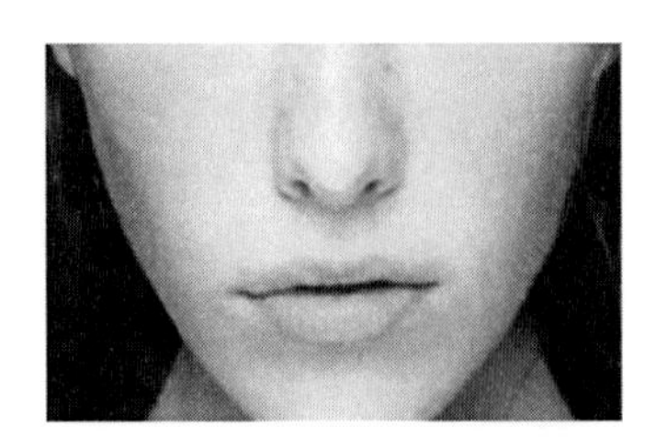

圖 3-2-4-10 烤布丁般雙頰

3.2.5 2014 年度

（一）年度流行色：I Radiant Orchid 18-3224 蘭花紫

富有表現力和異國情調的蘭花紫綻放出自信和溫暖。通過紫紅色、紫色和粉色的迷人和諧，蘭花紫激發了自信，散發出巨大的健康、快樂和愛。蘭花紫以其迷人的魅力吸引著你，激發想像力，鼓勵擴大創造力和原創性。（圖 3-2-5-1 蘭花紫）

圖 3-2-5-1 蘭花紫

色彩專家 Pantone 公司發佈了 2014 的年度流行色。你還記得 2010 年的流行色是綠松石，所以一整年我們都隨處可見這種藍綠色的身影，從明星們的眼影，到 T 臺上模特們的指甲，再到新上市的彩妝盤。到了 2011 年，最熱門的顏色變成了「忍冬花」（honeysuckle），這種淡淡的粉紅色調能給肌膚帶來健康的光澤，這種光澤被認為是魅力、活力和表現，能振奮人的精神。2012 年，流行色是橘色，所以在 T 臺我們總能看到飽和鮮豔的橘色唇膏帶來的十足熱力。2014 年的流行色則是 Radiant Orchid，也就是蝴蝶蘭紫。

Pantone 公司發佈 2014 年度流行色「Radiant Orchid」（18-3224），蝴蝶蘭紫代表自信和迷人的熱情，能激發好奇心和想像力。這是一種令人印象深刻、有創造力並且包羅萬象的紫色，有令人陶醉的美麗。這種顏色以玫粉色、紫色和粉色為基礎色調，三者完美的協調，帶來的蝴蝶蘭紫代表愛、樂趣和健康。（圖 3-2-5-2 蝴蝶蘭紫眼影）

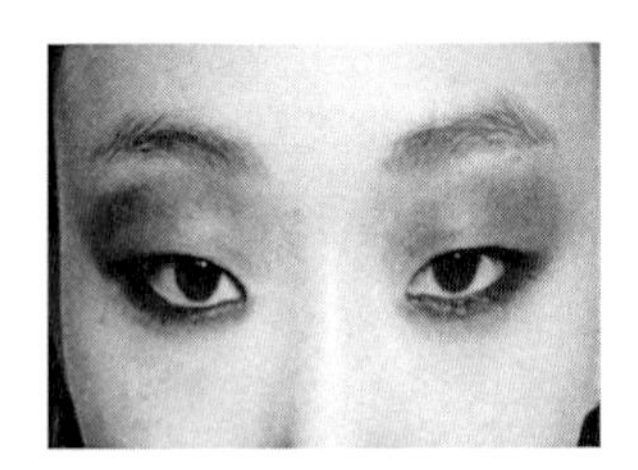

圖 3-2-5-2 蝴蝶蘭紫眼影

我們已經在 2014 春夏時裝周不少品牌的秀場妝容上看到這個顏色，比如 Costello Tagliapietra, Naeem Khan 和 PPQ。

除此之外，很多好萊塢的明星們已經嘗試過蝴蝶蘭紫色的妝容了，比如 Anna Sophia Robb（左）用這種紫色輕柔的掃過上眼瞼，帶來優雅甜美的妝容。還有 Lupita Nyong'o（右圖）飽和的紫色唇妝，也讓人印象深刻。（圖 3-2-5-3 Anna Sophia Robb 與 Lupita Nyong'o）

圖 3-2-5-3 Anna Sophia Robb 與 Lupita Nyong'o

（二）年度美妝風格

從 2012 年到 2013 年春夏，彩妝的潮流一直都是「精緻無瑕」的素顏，強調宛若天生的妝感。對美妝的要求，從以往的面面俱到，到重視「質感」同時留出空隙感，這可謂是美妝界的一大進步。

不過很容易發現從 2013 年秋冬開始，「善用色彩」的概念又回到了時尚的舞臺，在這個重視質感的時候，用顏色表達個性，增加美妝趣味性成為主流。

1.備受注目的顏色是粉色

春季備受注目的顏色當然是粉色。珊瑚粉色、豔粉色、乳粉色等粉色的種類也很豐富。有很多容易搭配的粉色，2014 早春最值得推薦的應該是柔和色調！

其中粉霧唇色就是一大趨勢亮點，在唇色表現上會讓你看起來更具氣色，通過暈開的方式上色，讓唇色看起來自然不造作。在上唇色前可以在唇部塗抹一層透明蜜粉，就能擁有具有光澤感的半霧面質地。（圖 3-2-5-4 蜜粉口紅）

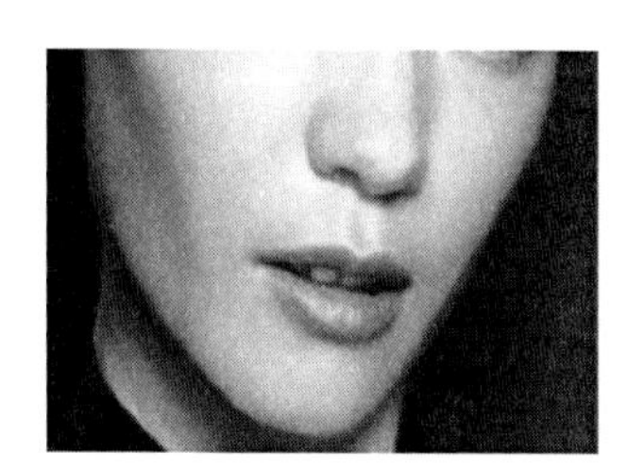

圖 3-2-5-4 蜜粉口紅

2.流行光澤質感的眼影

眼妝中質感主義也仍然持續！各個品牌連續登場的眼妝產品大多以光澤質感為主。塗抹在眼瞼上的眼影比起顏色來更加重視質感。不能太閃亮，洋溢著春天的光澤感最流行。光澤感眼影能夠展現出眼神柔和的色調，不去強調單一色彩的表現，而是通過其通透的色彩，光澤的質地混搭出富有層次的美眸。（圖 3-2-5-5 閃亮的眼影）

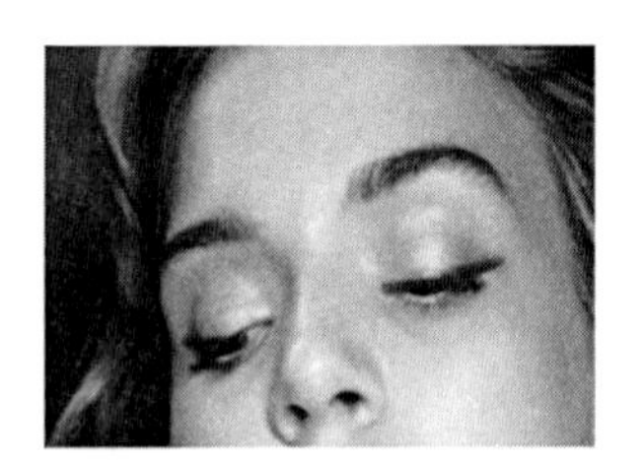

圖 3-2-5-5 閃亮的眼影

3.春季的深色中紫紅色備受注目

雖說重視通透感的眼妝是主流，不過眼部也要偷偷使用深色。2014 年春天不是用黑色而是使用紫色等韻味顏色勾勒眼部輪廓。這個顏色不會顯得厲害卻很有新鮮感。於此同時還能夠達到強化眼神輪廓的作用。（圖 3-2-5-6 通透深色眼影）

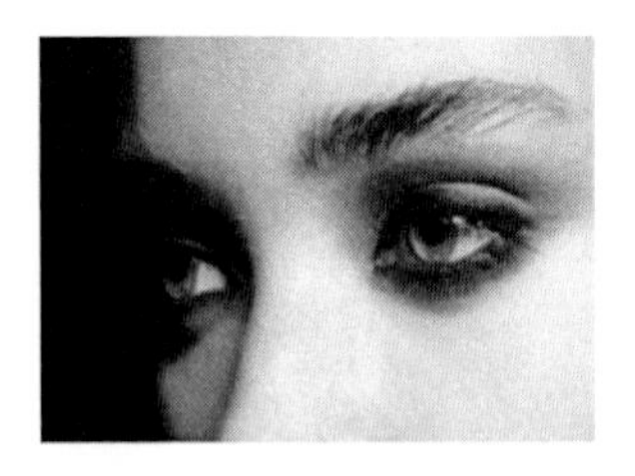

圖 3-2-5-6 通透深色眼影

4.口紅仍然是主角

2014 年春天各大品牌仍然在口紅上下了很大力氣，人氣美容液的款式繼續向高機能進化，還有很多有趣的新款口紅備受注目。以打造豐盈美唇的一只口紅今春必備。

細觀 2014 春夏四大時裝周，具有強大氣場的超模們，妝容都不是很複雜，一般只有一個重點，既然口紅仍然是主角，「黃金組合」妝容絕對是搭配的關鍵——濃眉+高級感唇妝+弱化眼妝。（圖 3-2-5-7 不同種類的口紅）

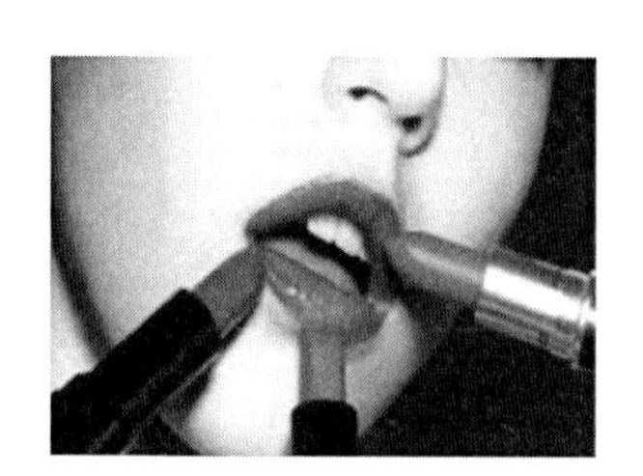

圖 3-2-5-7 不同種類的口紅

5.美甲也想切換顏色

雖然穩重顏色也很人氣，不過季節變化時還是想變成春天氣息的美甲。備受注目的顏色是成熟粉色或者櫻桃紅色。不過 2014 春夏，少見的白色指彩也成為流行趨勢。不管是霧白或是光澤白都是秀場上的常客。 另外以白色為基底色的簡單指彩設計也成為 2014 主流。[42]

3.2.6 2015 年度

（一）年度流行色：I Marsala 18-1438 瑪薩拉酒紅

瑪薩拉酒紅的名稱來自瑪薩拉這種成分加烈的葡萄酒，這個極具風味的色調正如其名，體現了一頓圓滿餐飲的豐足感，它的紅褐底色則散發出一種自然成熟的樸實感。這個熱誠而時尚的色

---

[42] 引述自 https://fashion.ifeng.com/beauty/makeup/detail_2014_02/27/34242031_0.shtml

調具有普世的吸引力，是一種自然有勁與質樸的酒紅色，豐富我們的精神、肉體與靈魂。（圖 3-2-6-1 瑪薩拉酒紅）

圖 3-2-6-1 瑪薩拉酒紅

酒紅色成為了 2015 年的流行色！全球權威的色彩研究機構彩通（Pantone）將這個流行色命名為「瑪薩拉酒紅（Marsala）」，是一種色調偏暗、帶一點點「泥土色調」的酒紅色。熟悉美酒的女仕們會知道，Marsala 本身即是一類葡萄酒的名字，出產於義大利西西里的 Marsala，除了飲用，Marsala 葡萄酒也被頻繁地運用於烹飪中，提拉米蘇中也會添加它作為原料。彩通（Pantone）這麼評價 2015 年流行色：「2014 年度的蘭花紫色代表著創新，瑪薩拉酒紅色則象徵著信心與持之以恆。」

瑪薩拉酒紅（Marsala）是一種發灰的色調，介於玫瑰紅和磚紅之間，這個十分女性化的色調幾乎適合所有膚色，它的顏色足夠深，對於深膚色的女生來說不會太過突兀，而對於皮膚粉嫩的女生來說，這個顏色搭配起來相當時尚。

一般來說這種酒紅色白天的時候可以用於腮紅，搭配金色眼影和中性色唇色（像淡淡的粉色，橘色），這個妝容就完美了。如果晚上你要參加 Party，你可以選用瑪薩拉酒紅（Marsala）的口紅，搭配那種戲劇性的誇張眼線。

（二）年度美妝風格

1.美瞳盡顯異國魅力

打破固有觀念的美瞳在上半年成為女星們鍾愛的時尚單品。淺棕、藍色、灰色等各種色系，都讓女星們的眼睛盡顯異國魅力。（圖 3-2-6-2 美瞳盡顯異國魅力）

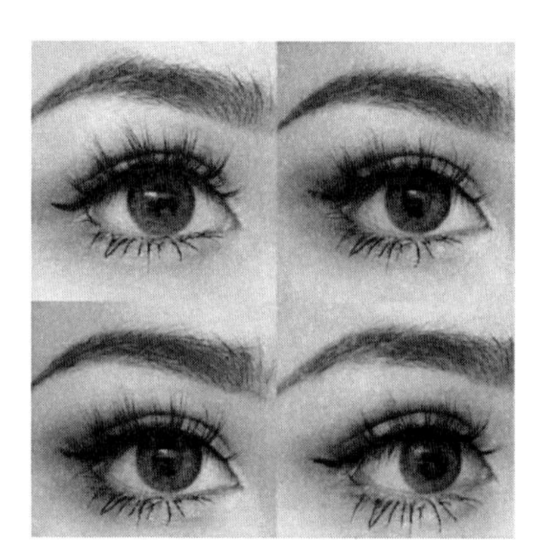

圖 3-2-6-2 美瞳盡顯異國魅力

異域風格濃郁的美瞳不僅能讓形象文雅柔和，也可讓造型更加搶眼，選擇與妝容風格一致的美瞳極為重要。不僅是妝容，眼神對整體形象也有很大的影響。對於時刻追求變化的明星們來說，美瞳今後仍是她們時尚造型的鍾愛單品。

2.閃亮眼妝

閃亮的眼妝最能吸引他人目光，珠光眼妝就是藝人們偏愛的妝容亮點。

珠光本身就極為亮眼，如果眼影色彩較重則會使妝容更顯誇張，因此今年（2015）很多女明星在眼妝上都選擇了香檳色。香檳色不僅發色柔和，恰到好處，還可展現出高端優雅的感覺。（圖 3-2-6-3 閃亮眼妝）

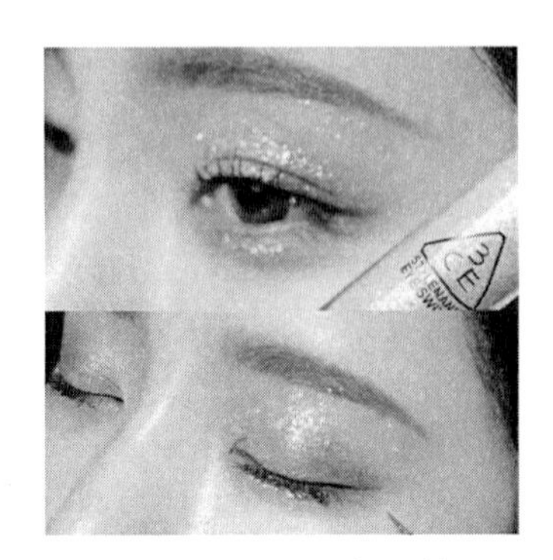

圖 3-2-6-3 閃亮眼妝

3.亮眼紅唇

曾被視為「老土」象徵的「紅色口紅」從 2014 年起逐漸成為了流行大勢。和以前不著重唇色的煙熏妝相比，如今的美妝趨勢偏於淡化眼妝，因此唇妝色彩更為突出。（圖 3-2-6-4）

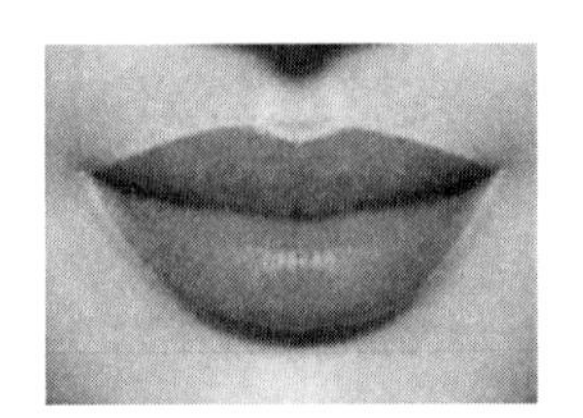

圖 3-2-6-4 亮眼紅唇

淡妝會顯得蒼白無氣色，而紅唇則能提升妝容生動的表現力。各品牌都不斷推出紅色系的染唇液、唇彩、口紅等作為主打產品。

4.清新淡妝

與清爽淡雅的衣著一起，似有似無的清新淡妝也在今夏流行開來。對清純魅力女生傾心的男生越來越多，而淡妝也很適合炎熱的夏季，因此很多女性都鍾愛上淡妝，可展現出幹練清純的魅力。相信在明年，淡妝的流行之勢仍將持續。（圖 3-2-6-5 清新淡妝）

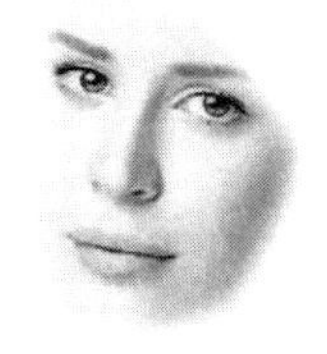

圖 3-2-6-5 清新淡妝

3.2.7 2016 年度

（一）年度流行色：I Serenity 15-3919 靜謐藍 & Rose Quartz 13-1520 粉晶

PANTONE 首度選擇兩種色彩組合做為年度流行色——靜謐藍與粉晶。飄渺輕盈的靜謐藍像是我們頭頂上的藍天的延展，它的舒緩效果能安撫人心，甚至在動盪不安的時期帶來休息和放鬆之感；粉晶是一種說服力強但不失柔和的顏色，它能傳遞憐憫和鎮靜感。當我們追求正念與幸福以作為現代生活壓力的解藥之時，能在心理上滿足對安心與安全渴望的友善色彩變得愈加重要。將粉晶與靜謐藍結合，在溫暖親和的玫瑰色調與冷靜安詳的藍色之間顯現一種固有的平衡，反映出連結、幸福，還有一種秩序與和平的撫慰感覺。（圖 3-2-7-1 靜謐藍與粉晶）

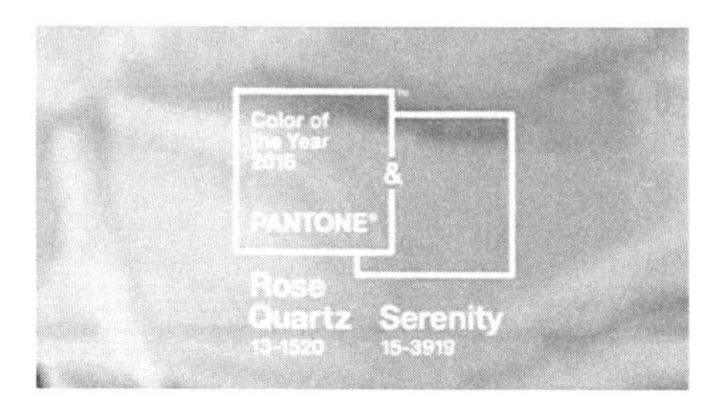

圖 3-2-7-1 靜謐藍與粉晶

看上去，2016 年註定是「少女」的一年。不論是「粉水晶（Rose Quartz）」，還是「寧靜藍天（Serenity）」，這兩種低飽和度、柔和的顏色，通體散發著濃濃的「小清新」味道。

「Rose Quartz 讓人聯想到寧靜的落日、害羞的臉頰、含苞的花朵，能讓人在忙碌的生活裏找到一絲屬於春夏季應有的快樂，」彩通執行總監 Leatrice Eiseman 在公開聲明中說道，「Serenity 則更像一篇藍天，讓人能夠平靜下來，而且這種顏色能和周邊的環境自然銜接。」

因為是首次發佈兩種顏色作為年度顏色，彩通鼓勵把兩色混搭，以追求最時髦的效果。為此，彩通還邀請了全球多位設計師和藝術家圍繞著兩種顏色設計出多種生活中的搭配方案。

如果說色調素淨、全然不見修飾手法的裸妝，讓你看起來通透潔淨；那融入淺橘、淡粉，並略微加重筆墨（依舊避免刻意為止）的妝面，能幫你彰顯自然不做作的靈動之感，這就是裸妝。

（二）年度美妝流行風格

1.眼線修飾眼型

只要在上睫毛根部用黑色眼線液筆細細地畫一條眼線，把眼睛的線條框出來即可。彩妝學習班提示初學化妝的小夥伴們，畫眼線的時候超過眼尾一丁點，讓眼睛顯得更大。若是想要大圓杏眼，則要改用眼線筆，從睫毛根部的中段畫到尾端，在眼尾稍稍加粗。（圖 3-2-7-2 眼線修飾眼型）

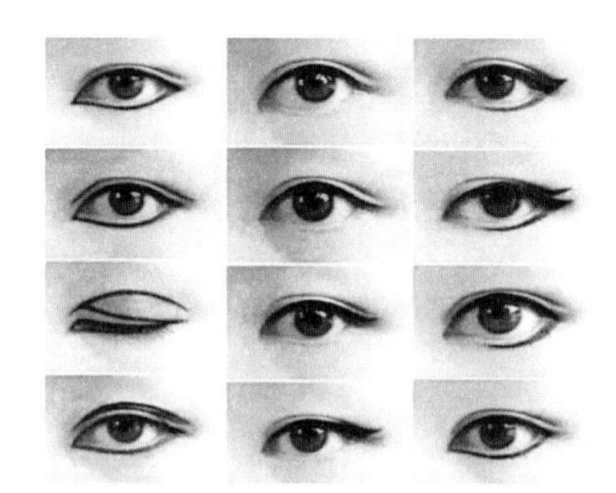

圖 3-2-7-2 眼線修飾眼型

大眼小技巧：除了安全牌的咖啡色和黑色眼線，深藍色眼線也出乎意料的好看，漂亮的藍色能把眼白襯得格外澄澈，眼睛黑白分明看起來就大。

2.氣質眉型

眉峰清晰的乾淨眉毛，能強化眼睛在臉部的比例。把眉型之外的雜毛全修光，眉毛較稀疏的地方就用眉筆補上，畫完後記得用眉刷把眉毛逆向梳，眉毛根立起看起來會比較有精神。（圖 3-2-7-3 氣質眉型）

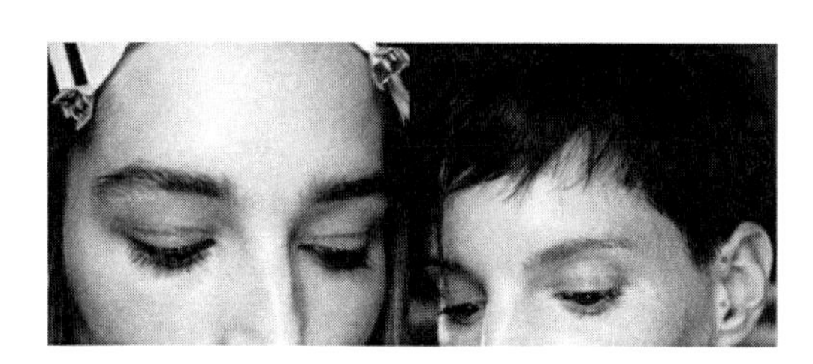

圖 3-2-7-3 氣質眉型

3.眼窩妝法

在眼窩塗上深淺適中的咖啡色眼影，眼睛會變深邃。用一支質地比較鬆軟的刷子沾少許霧面眼影，沿著眼窩邊緣，從眼尾刷到眼睛中央即可。

4.美妝+打光=完美肌膚

製造有光的假象：用珠光眼影或打亮產品上在眼皮中央、眉骨下方、和眼頭小三角處，這樣雙眼會顯得炯炯有神。如果膚色偏白，可選擇暖色系、玫瑰色澤；如果膚色偏黃或深色，金色系打亮適合。

3.2.8 2017 年度

（一）年度流行色：I Greenery 15-0343 草木綠

草木綠，一個俱生命力、令人愉悅的顏色，代表了初春時節的萬物復甦和欣欣向榮，清新而充滿活力，是新生的象徵，能給處於紛擾社會與政治環境中的我們帶來希望，滿足我們對生機與活力的持久嚮往，代表了我們尋求與自然、他人和其他更宏大目標建立聯結的熱忱。（圖 3-2-8-1 草木綠）

圖 3-2-8-1 草木綠

（二）年度十大最佳化妝流行趨勢

1.淚眼妝

這款眼妝沒有濃重的形式感，不管是參加 Party 還是日常出街都可以輕鬆 Hold 住，關鍵是它還不挑眼形，完全拯救了兩大眼妝難題——單眼皮和下垂眼。而淚眼妝卻可以讓它們「腫得」更加惹人愛。她與宿醉妝和曬傷妝的差別在於暈染範圍，淚眼妝主要著重在下眼瞼的小範圍暈染，不像是宿醉妝和曬傷妝以腮紅的形式大面積暈染至兩頰上方。

通常打造淚眼妝都以粉色系和橘色系為主，粉色顯得清純無辜、橘色略帶小性感；但是不管選擇什麼顏色，首先需要一個白皙的底妝。（圖 3-2-8-2 淚眼妝）

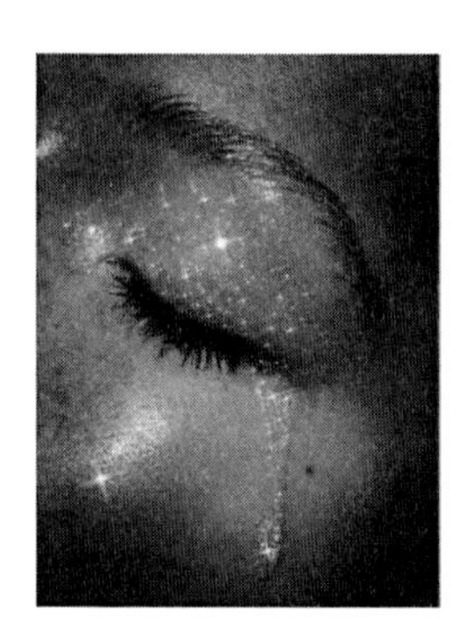

圖 3-2-8-2 淚眼妝

2.多色腮紅

多色腮紅也是 2017 年最好的化妝潮流之一。化妝時腮紅的重要性不可否認。多色腮紅是一種獨特的馬賽克，用柔和的色調和謹慎的微光來突出輪廓和突出顴骨。多色腮紅很適合自然地增強你臉頰的美麗。沒有腮紅，妝容看起來不完整，多色腮紅一直是時尚的，尤其是在 2017 年，它讓臉頰看起來很耀眼。（圖 3-2-8-3 多色腮紅）

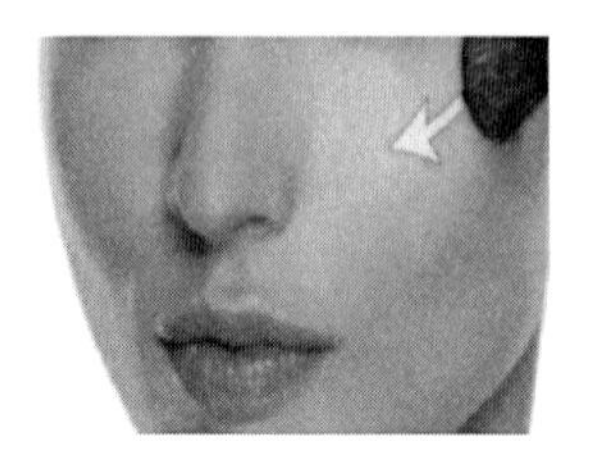

圖 3-2-8-3 多色腮紅

3.金屬光感唇

從 2016 年末開始，各大品牌不斷推出金屬色唇膏。所以，在新的一年裏，金屬光感唇成為唇妝中的大熱（圖 3-2-8-4 金屬光感唇）。平時習慣畫裸妝的可以選擇裸粉或是裸橘的金屬唇色（圖 3-2-8-5 金屬光感色）。

圖 3-2-8-4 金屬光感唇

圖 3-2-8-5 金屬光感色

4.煙熏眼妝

煙熏妝一直是時尚派對裝扮的一部分。每個女孩都想看起來時尚、時尚。要麼是一個簡單的朋友聚在一起，具體的婚禮邀請，正式晚會或大型音樂會。這眼妝在每件事上看起來都很奇妙，因為它給你一個精緻的、下降的外觀。這種眼睛煙熏的趨勢永遠不會過時。這種眼妝很吸引人，而且是夜間功能的專屬。一個引人注目的經典的眼部化妝會讓你看起來很漂亮。不同的顏色，有中度波動的陰影通常用於這種化妝，像銀色，灰色和黑色，它們是理想的煙熏妝。這構成了一種迷人的、引人注目的趨勢，尤其當它用眼線筆應用的時候。（圖 3-2-8-6 煙熏眼妝）

圖 3-2-8-6 煙熏眼妝

5.夕陽的眼睛

彩妝總是吸引人，引人注目，達到這一看日落眼妝是完美的選擇。日落的樣子會非常令人印象深刻，但很難做到。日落眼妝非常時尚，2017 年流行這種眼妝很有表現力，讓人眼睛看到日落的真實風景。為了達到完美的日落眼妝，人們應該把眼睛分為三個部分，一般是白色、橙色和黃色，這些都是為了得到完美的外觀。為了讓眼睛更有光澤，一定要塗睫毛膏和眼線筆。這種化妝潮流會讓眼睛看起來很性感迷人。（圖 3-2-8-7 夕陽的眼睛）

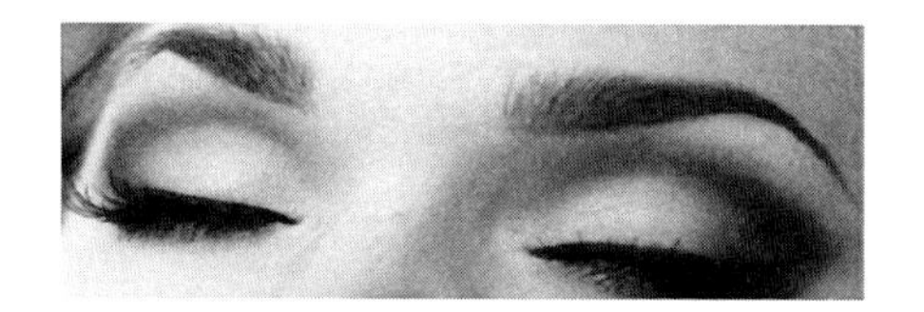

圖 3-2-8-7 夕陽的眼睛

6.閃亮的眼睛

在 2017 年，在閃亮的眼妝的幫助下，讓眼睛像星星一樣發光。這種眼妝非常適合夜間功能，令人印象深刻。當它用對比色應用時，它會讓眼睛細膩地表達出來。最聳人聽聞、最新潮的彩妝可以用黑色眼影來實現，銀色的眼影和金光閃閃的綠色眼影也會讓人難以置信。這個眼妝會讓眼睛閃閃發光。（圖 3-2-8-8 閃閃發光的眼睛）

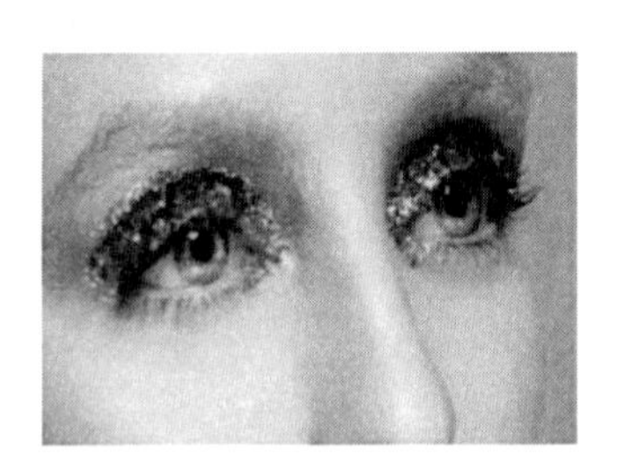

圖 3-2-8-8 閃閃發光的眼睛

7.金屬感的眼睛

金屬眼睛現在很時髦，所以你應該用金屬的東西來增加你的化妝品的邊緣。對於新娘來說，這是一個完美的選擇，因為它能增強眼睛的自然美，使眼睛更迷人。金屬金色和銀色是新娘最喜歡的顏色，這些陰影一直都很流行，讓人看起來很時髦。所以，用金屬的蓋子點亮你的派對，用充滿熱情的色彩組合。細而薄的眼線，與金屬眼影的完美結合。（圖 3-2-8-9 金屬的眼睛）

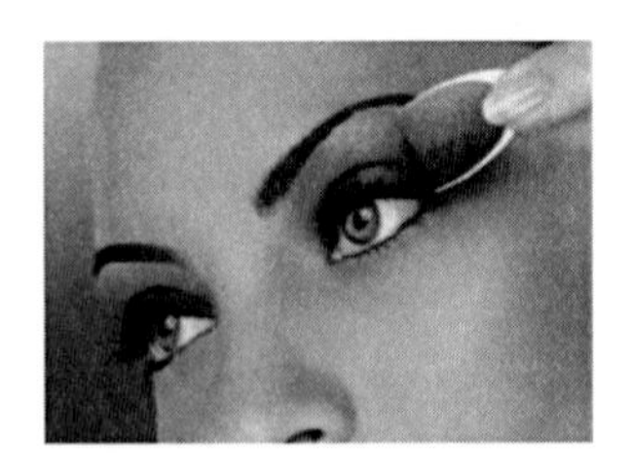

圖 3-2-8-9 金屬的眼睛

8.翼型眼線

翼型眼線與貓眼線很相似，但它以自己的方式吸引眼球。有翼的襯墊是很迷人的，而且用正確的方式發出嗞嗞聲，這是一個複雜的化妝，對於化妝師來說需要很多的練習。在翼型襯裏中，首先將眼線筆塗在上眼睫毛上，畫出細線。畫一條橫線，在邊線處劃上一條線，然後在邊線的末端點上一條細線。在最後，填滿翼輪之間的空隙，看到你的容光煥發的變化。（圖 3-2-8-10 翼型眼線）

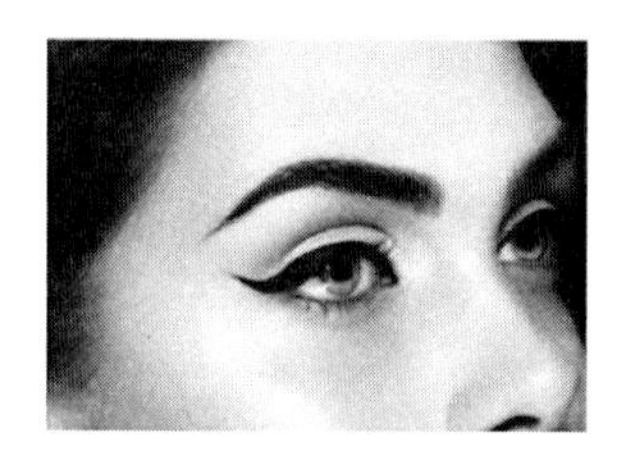

圖 3-2-8-10 翼型眼線

9.黑眼睛

黑色眼妝是非常獨特的，黑色眼罩的黑色眼線從來沒有過時。如果你用黑色濃眼線塗上黑色眼影，你的眼睛會變得很有磁性。黑色眼線筆可以使用任何眼影，但它的完美組合是黑色眼影。黑色的眼影也將成為 2017 年最時髦的眼部化妝。黑色的眼妝讓眼睛看起來更大，但黑色的眼影讓你的眼睛看起來更大膽，更漂亮，這真的是一個非常出色的融合。（圖 3-2-8-11 黑眼睛）

圖 3-2-8-11 黑眼睛

10.貓眼線

在貓眼線的幫助下，女性可以讓她們的眼睛看起來更迷人、更酷。貓的眼線總是很時尚，對大多數的眼睛形狀都很互補，傳達出一種炙熱的、神秘的外觀，不管剩下的妝容是單調或低的。任何顏色的鉛筆或眼線都可以用來實現這個外觀，但它需要一些練習才能達到完美。更厚的貓眼線是很棒的，在這種化妝潮流的幫助下，女人可以得到厚厚的眼角。它讓眼睛煥然一新，毫無疑問。（圖 3-2-8-12 貓眼線）

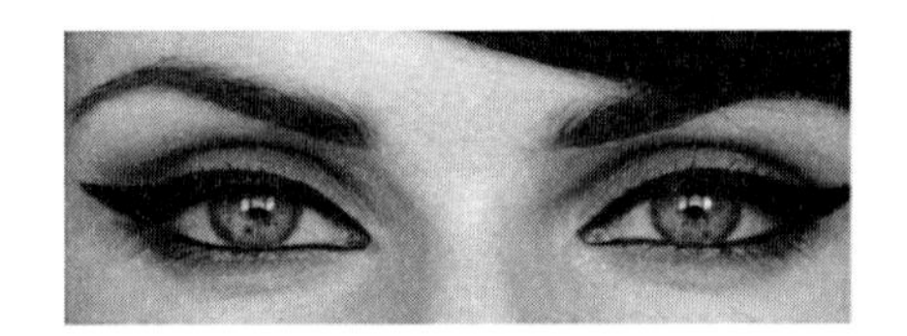

圖 3-2-8-12 貓眼線

3.2.9 2018 年度

（一）年度流行色：I ULTRA VIOLET 18-3838 紫外光

謎樣的紫色長久以來也是反主流文化、非傳統和藝術光彩的象徵。PANTONE 18-3838 紫外光的本質是創造性地靈感，這個藍底的紫色將我們的意識與潛力帶到更高的境界。深沉象徵實驗精神與不墨守成規，強烈挑動思緒與深思的紫色調，刺激個人想像自我在世界上獨一無二的印記，透過創作的出口突破界限，傳達獨創性、創造力及前瞻性思維，為我們指向未來。（圖 3-2-9-1 紫外光）

圖 3-2-9-1 紫外光

（二）年度美妝風格

1.褐色口紅

褐色口紅在上世紀 90 年代曾經風行一時，如今它王者歸來。由於褐色口紅不僅色調與眾不同，而且所表達出的情緒也不盡一致，因此此顏色比較難以把控。（圖 3-2-9-2 褐色口紅）

圖 3-2-9-2 褐色口紅

2.粉藍色眼影

藍色眼影是上世紀 40 年代時尚界的寵兒，之後退出了主流，但今年再次流行。粉藍色眼影合理地調和了每種色彩的特點，避免了藍色眼影在使用不當時，會使人顯得怪異、甚至粗俗的弱點。

在上眼瞼處塗抹眼影，呈現出顏色的漸變，可以達到意想不到的效果，使人看起來時尚有型。（圖 3-2-9-3 粉藍色眼影）

圖 3-2-9-3 粉藍色眼影

3.立體腮紅

在上世紀 70 年代，造型師開始使用立體化妝法（Draping），後來被風靡的極簡主義所取代。不過，此方法最近又受到了歡迎。

立體化妝法的獨特之處在於同時使用幾種不同顏色的腮紅：顴骨處使用暗色，淺色的塗在臉頰的正面。若要增強立體感，還可以在鬢角和下巴中間也塗上腮紅（圖 3-2-9-4 立體化妝法）。

圖 3-2-9-4 立體化妝法

2018 年冬季最流行的腮紅顏色則是粉色或者桃紅色。為了與季節搭調，造型師建議要讓面頰「熱身」，通過使用腮紅打造出像是被凍出的緋紅色，這樣一來，臉色會顯得清新而健康。桃紅色適合各種膚色的女士，並且可以作為日常彩妝。

4.修平眉頭

霸氣的寬眉毛早已取代了高挑而細長的眉形。現在，人們像對皮膚和頭髮保養一樣重視眉毛的護理。熨平眉頭是新的時尚趨勢。如果在家裏自己操作，就需要每天早晨多花 10 分鐘的化妝時間；如果去美容院做個造型，一方面可以解決眉毛不對稱、毛流生長反向等問題，還能一次性修出自己心儀的眉形。

3.2.10 2019 年度

（一）年度流行色：I Living Coral 16-1546 活珊瑚橘

PANTONE 認為「這個活潑積極、肯定生命、帶著金色底色的珊瑚色調以較為柔和的感覺帶來活力與生機。活珊瑚橘迷人的本性歡迎且鼓勵輕鬆愉快的活動。它象徵我們內在對樂觀與歡樂的需求與追求，體現我們想要表達的俏皮玩趣。（圖 3-2-10-1 活珊瑚橘）

圖 3-2-10-1 活珊瑚橘

這種一眼望去就能讓人心生溫暖的顏色，是一種介乎於橘色和粉色之間的顏色，它既不像粉色那麼少女，也沒有橘色那麼刺眼，看到時，會有種溫暖又明媚的感覺。

其實在早些年，珊瑚橘已遊走於各大秀場之間，大放異彩，光彩奪目。

在許多高定的秀場上，也有珊瑚橘色的蹤影，層層疊疊的薄紗清透縹緲和高飽和度的螢光橘色相撞，依然產生仙氣娴娴的感覺。在美妝方面，珊瑚橘色也深受女生的喜愛，因為橘色系的彩妝和亞洲人的膚色非常契合，尤其是橘色腮紅，上妝之後，儼然就是一名元氣滿滿的少女。

（二）年度美妝風格

1.3/4 妝容

所謂的 3/4 妝容，就是淡化或者直接省略某些妝容步驟，最常見的操作是省略底妝或者眼妝。

2.眼線妝

眼線妝顧名思義，就是直接用眼線代替眼影，獨立完成整個眼妝。

3.下眼影

泫雅這種簡化甚至省略眼妝，從下眼瞼開始大面積描繪粉紅色眼影的畫法，可以營造出一種生病後的頹廢氣息，所以被稱作病嬌妝。

3.2.11 2020 年度

（一）2020 年度流行色 I PANTONE 19-4052 Classic Blue 藍色

Pantone 彩通 2020 年的年度色彩是經典藍色，這讓人開心的藍天，碧水，藍莓……一種熟悉，鎮定的天藍色，可以舒緩心靈享受寧靜片刻。

彩通 PANTONE19-4052 經典藍色能在 2020 年 Pantone 色彩中嶄露頭角，因其永恆而持久的藍色調簡潔明快。經典藍色的具有令人放心的品質，暗示黃昏的天空，提供一種保護的希望，同時強調我們對建立可靠和穩定基礎的渴望。

2020 年 Pantone 已將色調轉變成一種多感官的體驗，以接觸更多的人，並為每個人提供一種使用色彩的機會。我們將充分利用視覺，聲音，氣味，味道和質感，使 2020 年 Pantone 年度色彩成為所有人真正沉浸式的色彩體驗。（圖 3-2-11-1 藍色）

圖 3-2-11-1 藍色

1.藍色貓眼妝

亞洲人化藍色妝容一點也不違和，冷門小眾的藍色調眼影，正在悄悄地流行，不少女明星已經向我們展示了各種畫藍色眼妝的正確姿勢。

先用藍色啞光眼影，在眼皮上大面積渲染，再用遮瑕把前半段顏色遮住，用銀白色珠光眼影來提亮，最後在眼尾用深藍色珠光眼影加深，一個酷酷的藍色妝容完成。（圖 3-2-11-2 藍色貓眼妝）

圖 3-2-11-2 藍色貓眼妝

2.微醺眼妝

在過去，煙熏感妝容是以灰黑調打造龐克搖滾風，其實「煙熏」是由淺至深逐步漸層暈染所增加的美感，到現在多了更多的變化，不再局限於顏色，面積的範圍也能自己決定，粉色及橘色打造的微煙熏可以讓眼神更溫柔，而紫色會讓你多一股神秘的女人味氣質，即使手邊只有大地色系的眼影也沒問題，只要把色澤的界線暈染開來，也能創造屬於自己的微醺妝容。（圖 3-2-11-3 微醺眼妝）

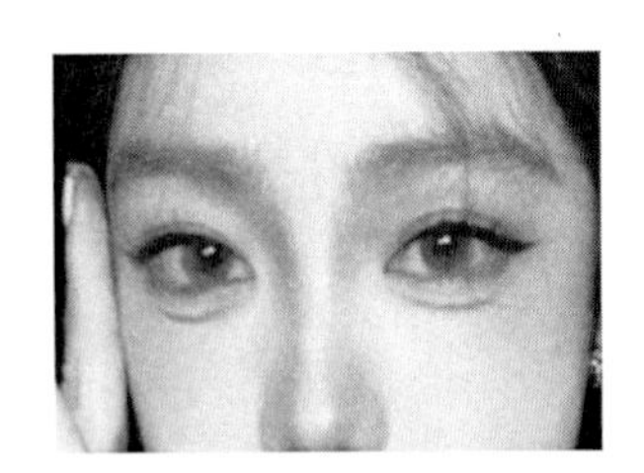

圖 3-2-11-3 微醺眼妝

3.野生眉毛

畫平眉的只要改變一些技巧就能跟上趨勢了。野生眉強調線條及毛流感，首先用眉刷順一下毛流跟眉型，在眉頭的部分使用眉梳加強毛流感，再用眉筆勾勒出較俐落的線條，顏色的挑選上也都選擇比較灰色系深色系的眉色，最後利用遮瑕膏將眉型的邊框修飾乾淨，就能讓眉型更加突出。（圖 3-2-11-4 野生眉毛）

圖 3-2-11-4 野生眉毛

4.亮片眼妝

很多女孩聽到亮片眼影都會不敢嘗試，怕在視覺上會看起來眼睛浮腫泡泡眼，只要畫前打深眼窩，把深邃度畫出來，且控制在一定的範圍內，例如放在眼皮中央做提亮，就可以避免眼妝崩壞。另外一個技巧是將眼線拉長，加重眼線的比例，即使迭上亮片眼睛也能很有神。Hollow eyes 就很適合搭配閃亮亮眼影。（圖 3-2-11-5 亮片眼妝之一）

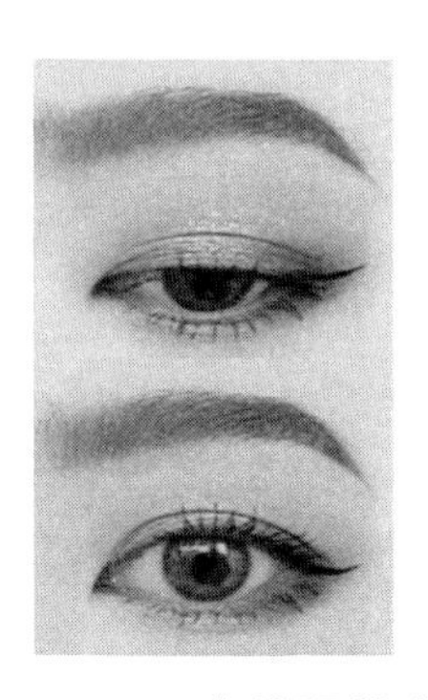

圖 3-2-11-5 亮片眼妝之一

5.鮮豔色點綴

眼影盤上總是有幾個特殊色不知道什麼時候該讓他們出場嗎？快把眼影盤裏的黃色、綠色、藍色召喚出來，現在是他們表現的時候了！不需要很浮誇的刷色在整個眼皮上，只要一些小點綴就能抓住大家的目光。像是彩色眼線、開眼頭、下眼尾妝點都是很好的嘗試，與大地色搭配，也能讓眼妝看起來更活潑更多變。（圖 3-2-11-6 鮮豔色點綴）

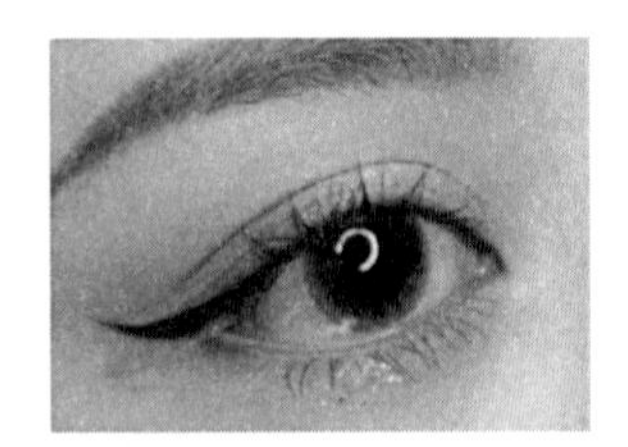

圖 3-2-11-6 鮮豔色點綴

6.玫瑰色系妝容

溫柔婉約的玫瑰色系妝容，像是在秋日的黃昏，談一場焦糖味的戀愛。上妝有一丟丟日系麻豆的感覺，適合秋冬的日常出行，也是旅拍婚紗照的造型必備。

在妝容的色調上，採用玫瑰花色，顏色不是那麼粉嫩，在原有玫瑰色的基礎上添加一些黃色系，整體顏色飽和度更低，包括棕紅色、裸膚色、豆沙紅等等。

這個秋季，格外吸引人的莫過於一抹充滿溫暖和柔情的玫瑰色。浪漫而柔美的色彩點綴與眼影、唇妝、腮紅，散發出一種夢幻的迷離感，讓人欲罷不能，更有女人味，更顯白，更氣質。

秋日玫瑰新娘妝容，較為注重質感的呈現。會運用輕薄服貼的底妝，打造出清透富有光澤感細膩的膚質，讓新娘擁有溫潤如水的絲滑牛奶肌。

為了減輕妝感，用淺咖啡色眉粉來填補眉毛空隙，眉尾自然地帶一下即可。然後玫瑰色眼影在上眼皮大範圍暈染打底，以些許珠光點亮。

全唇塗上粉色唇膏，然後在嘴唇內側疊塗玫瑰色、淺棕色口紅，用手指向外暈染自然。在臉頰上輕輕掃上口紅同款玫瑰色腮紅，保持妝容統一，提亮氣色。整個妝容主要強調了唇色，腮紅清淡自然，打造溫柔的感覺。

打卡秋日玫瑰妝容的克洛伊新娘，如鮮花讓人迷戀，似嬌嫩柔軟的花瓣，就連那沁人心脾的氣味都是那麼勾魂。能讓人想到一切美好的事物，定格的婚紗照也是浪漫到極致。（圖 3-2-11-7 玫瑰色系妝容）

圖 3-2-11-7 玫瑰色系妝容

秋日玫瑰妝，可復古慵懶，可唯美夢幻，可溫柔雅致。給秋日帶來一陣柔焦感的風，柔和又溫暖的既視感，讓新娘可鹹可甜，溫柔又不失可愛，浪漫又不失性感。恰似一抹暖意與柔情，在臉龐上盛開！

7.龐克煙熏妝：煙熏眼線、眼影暈染

秋冬一到，煙熏妝又捲土重來！對於此類妝容來說，眼線無疑成為妝容的亮點，黑色的眼線勾勒出魅惑的眼型，暈以黑灰色眼影，打造出立體有層次的深邃明眸。

在 Tom Ford 秀場上，紫色的霓虹燈將時間線瞬間拉回至八十年代，那是一個有趣又大膽的時代，將女性的不羈與暗黑相結合，給人一種誇張又過分冷酷的感覺。（圖 3-2-11-8 龐克煙熏妝）

圖 3-2-11-8 龐克煙熏妝

8.Twiggy 妝：超濃睫毛、粉嫩唇彩、眼窩眼線

說到 Twiggy，她的標誌性妝容立馬浮現：三層超濃卷翹睫毛、眼線以及粉嫩唇妝，都極具辨識度，尤其是那一條橫跨眼皮的黑色眼線，更是各大美妝網紅博主的效仿對象。這張曾被評為「一張能代表 1966 年的臉」，在 2020 年的時裝周秀場上依然大放光彩。（圖 3-2-11-9 Twiggy 妝之一）（圖 3-2-11-10 Twiggy 妝之二）

圖 3-2-11-9 Twiggy 妝之一

圖 3-2-11-10 Twiggy 妝之二

在 Marc Jacobs 秀場上，Twiggy 的標誌性粗黑眼線打造了深邃眼窩，根據中西方五官的差異進行了調整，但確實不是一般人就能 hold 住的。

巧用假睫毛及眼線筆打造出誇張的睫毛弧度，相比起 Twiggy 演繹出來的孩童般純潔，更像是一個鬼馬精靈的淘氣鬼，吸睛又 drama，演繹出不同的趣味。

即使是眼窩不夠深邃的國模賀聰，化上 Twiggy 眼線也毫不違和，更凸顯眼神犀利。搭配上復古順滑且帶有明顯梳槽的油頭，氣場全開，乍一看還有些 Boyish Style 的感覺。（圖 3-2-11-11 Twiggy 眼線）

圖 3-2-11-11 Twiggy 眼線

足以看出 Twiggy 的標誌眼線妝，無論在 60 年代還是當下，都是時髦精們的「必修課」，日常出街也不用擔心太誇張。

9.通透奶油妝：自然底妝、上翹眼線、玫瑰豆沙唇

縱觀 2020 時裝周，不難發現品牌越來越偏愛極致自然的妝容，即使在秀場上，也以乾淨簡潔、大氣優雅為主，通過勻淨透亮的底妝及迥然有神的明眸來呈現模特的完美姿態。（圖 3-2-11-12 通透奶油妝之一）

要想打造優雅精緻的法式妝容，除了自然通透的底妝外，眼妝才是亮點。將睫毛夾翹，打造自然弧度，然後沿上睫毛根部化出非常細長的眼線，不經意間呈現魅惑性感的法式風情。唇部選用來唇蜜不僅可增添唇部的潤澤度，而且看上去更自然透亮。在復古風潮大熱的今天，對於經典妝容的重現和創新也是一種流行趨勢。本次時裝周隨處可見對 80 年代時代美的象徵——戴安娜

王妃的模仿。在 Tory Burch 秀場上更是致敬了她廣為流傳的造型。（圖 3-2-11-13 通透奶油妝之二）

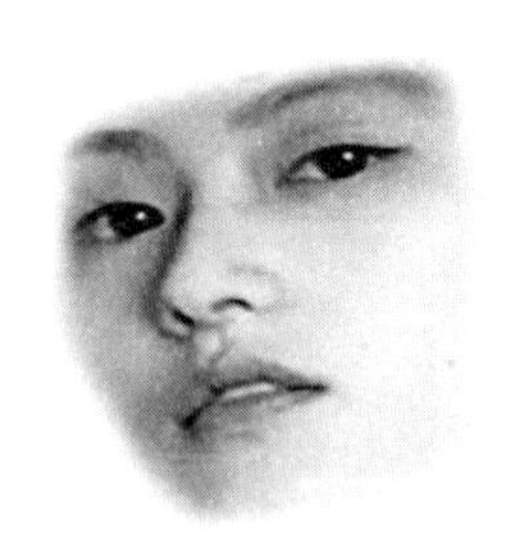

圖 3-2-11-12 通透奶油妝之一

圖 3-2-11-13 通透奶油妝之二

自然無瑕的底妝自然不用說，重點就在那三分之一的上眼線只在眼尾微微上翹，輕輕暈染開，迷離又深邃。搭配上豆沙玫瑰唇色，實在是優雅極了。

將前額頭髮梳妝成有一定弧度的側分，綴以梳子來穩固修飾，再搭配上用珠寶或珍珠裝飾而成的耳飾，高雅又奢華，將80年代復古與當下優雅風格更好融合在一起。（圖 3-2-11-14 復古與優雅）

圖 3-2-11-14 復古與優雅

10.撞色馬卡龍：撞色眼妝、紫染眼妝、馬卡龍眼線

要說本季妝容的另一個亮點，馬卡龍色調的前衛撞色實在吸睛，一種傳統上過於怪異的色調，突然變得超凡脫俗起來，明媚又大膽。（圖 3-2-11-15 撞色眼妝）

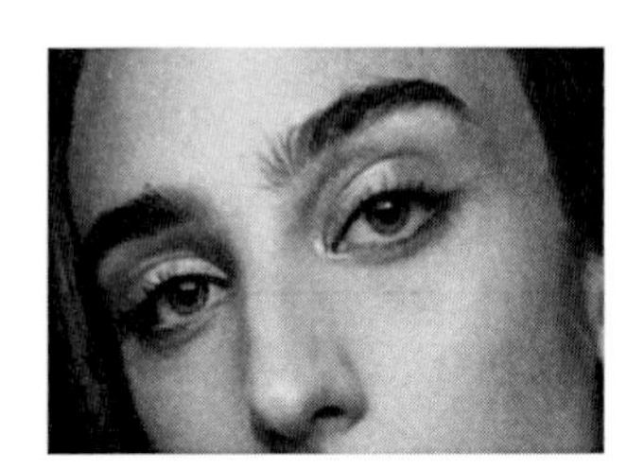

圖 3-2-11-15 撞色眼妝

而 Alice + Olivia 秀場上，能看更多馬卡龍色系，如薄荷、淺藍等，用大量眼影鋪滿整個眼皮以突出滿滿的少女感。（圖 3-2-11-16 馬卡龍眼線之一）

圖 3-2-11-16 馬卡龍眼線之一

此外，將粉色腮紅在太陽穴、顴骨處進行暈染，營造腮紅與眼妝紮染的感覺，像是盛夏花園裏色彩斑斕盛放的花朵，表達出一種獨立女人的浪漫風情。（圖 3-2-11-17 撞色馬卡龍之一）

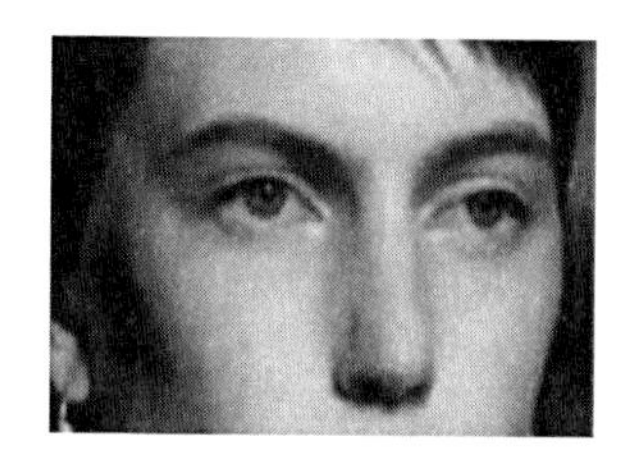

圖 3-2-11-17 撞色馬卡龍之一

如果擔心彩色眼影實在 hold 不住，建議大家可嘗試馬卡龍眼線，只需在黑色眼線上方再勾勒出一道明亮的彩色上翹眼線，就能為眼妝加分。（圖 3-2-11-18 馬卡龍眼線之二）

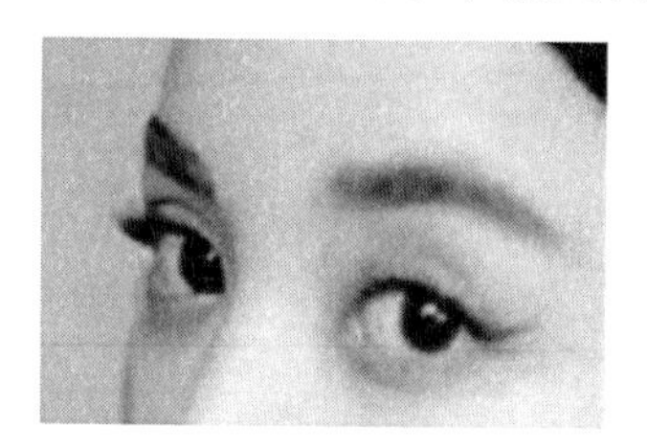

圖 3-2-11-18 馬卡龍眼線之二

Tadashi Shoji 秀場上就大量使用此方法，仿似東瀛風一般，營造出粉色夢幻的氛圍。再搭以乾淨俐落的半紮髮，襯托出溫柔高貴的氣質。（圖 3-2-11-19 撞色馬卡龍之二）

圖 3-2-11-19 撞色馬卡龍之二

11.亮片眼妝

另外，亮片、水鑽等眼妝元素也成為本季主要的一個流行趨勢，在妝容中加入一點亮色是很有趣的。

隨著美劇《Euphoria》的熱播，T 臺上的「Euphoria 式妝容革命」也正迎來另一個高潮，獨特與個性化的探索成為秀場上的主旋律，這也是為什麼在時裝周上會看到大量的閃光和色彩。（圖 3-2-11-20 亮片眼妝之二）

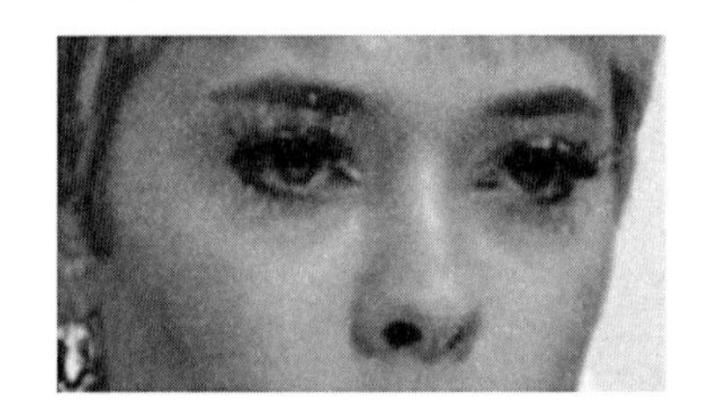

圖 3-2-11-20 亮片眼妝之二

無論是從眼瞼到眉毛都塗著閃閃發光眼影的全包式亮片妝，亦或是睫毛亮片妝，還是只在眼頭和眼尾的亮片組合，無疑都帶來了視覺上的衝擊力，但不得不說，當金屬感與中性臉相遇，迸發出的是獨特冷豔氣質。

而在 Giorgio Armani 秀場上，透明亮片製成的薄紗在眼窩打造的是另一種高級質感。[43]（圖 3-2-11-21 亮片眼妝之三）

圖 3-2-11-21 亮片眼妝之三

---

[43] 引述 https://baijiahao.baidu.com/s?id=1647879164554766172&wfr=spider&for=pc

第四章　流行趨勢色彩的膚色系統

數位科技的發展，越來越多人會使用修圖軟體去調整自己在影像中的膚色情況，化妝品與膚色之間的適合性是現今許多人研究之課題，且隨著近年來虛擬購物的風潮盛行，越來越多人喜歡透過網路平台去購買彩妝品，並在修整過的照片去審視自我膚色情況去購買化妝品，實際上對於自我的膚色情況是難以判斷的，或是判斷是不準確的。有鑒於此，作者提出一套基於膚色橢圓的智慧膚色擷取方法，首先採用正視臉部的彩色大頭照，透過膚色橢圓體的訓練結果，搭配兩眼與嘴巴三角點做膚色偵測搭配人臉偵測定位影像中人臉的位置，並透過人臉擷取膚色點找出影像中人臉的位置，並自創建 SCE 程式來完成膚色擷取的目的，且得出大量膚色群的資料庫，為此為了更有效率擷取膚色，並成立最少點擷色之假說。其次透過品質改善的田口方法進行假說驗證，即計算出最佳化的六點膚色擷取點，以平均數去計算出此圖像臉部最具代表性的膚色，藉由高斯分佈標準差與 CIE 2000 色差公式做修正完成，並以此相關理論建構出最優化的 FaceRGB 程式。最後，利用高科技下的數位光譜儀與自創程式下交互驗證，並可對實測者做人臉的判別並整理出相關結論作驗證，且探討本書之自創程式之結果與儀器測試之結果相互吻合，此方法可推廣至欲自主購買彩妝品者可以用影像搭配本書程式，即可知道自己的實際膚色，而不需要購買昂貴精密儀器。實驗結果顯示，智慧型擷取膚色之方法相較於其他的方法與儀器能更快速有效率的了解自己皮膚顏色。

4.1 彩妝與膚色的探索

愛美是人的天性，女性的彩妝尤其在臉部妝容更為所有人所關注，自身的膚色會隨著四季、生活作息、工作壓力等等因素影響，並且產生變化，例如：夏天在外日曬變黑、在辦公室不出門就變白……等等，真實的膚色擷取，並可以建立膚色資料庫去探討膚色的變化。

女性在挑選化妝品時，常常需要到彩妝專櫃尋求專家的協助，以判定自身適合怎麼樣的彩妝品，在這消費行為中，不難發現選色來搭配自己的膚色，是所有女性想要達成的願望，但如何知道自己的膚色卻是一件難事，如今消費市場從實體店面快速到網路店面，在沒專家的協助下瞭解自己的膚色是不容易的。

隨著現代科技的不斷進步，人們的生活水準不斷提高，生活更加便利，「智慧化」成為一個重要的發展趨勢，透過自動化技術的提升，未來的生活將更快速、便利、舒適，並且可即時性的應用相關之服務上，如人臉自動辨識功能。

人臉偵測應用範圍廣泛，也有著許多相關研究，而膚色在過往研究中，常常只是人臉辨識中的一個環節，探討的是辨識出人臉，或藉此找出人型所在，如可判定人臉後在判定人臉的膚色，現今科技 Kinect、GOOGLE Glass 的誕生，機器視覺及人機交互技術帶動多媒體資訊和視覺技術，已悄然改變人類生活，如應用於社群網站 Facebook 等，並擷取人臉膚色，雖然只是對人臉的偵測，卻是增添膚色取樣的可能性。

2012 年美國 Pantone 開發了一款名為「PANTONE SkinTone™」的色票，它集結了 110 種膚色顏色，並且在紙卡的中間挖了一個圓形的洞，讓使用者輕鬆可以對照膚色的顏色，還可以使用在美容時的彩妝匹配，時尚的衣服與膚色是否相襯，開發膚色的產品時的各式配件顏色，人像攝影的編修後製對照，平面設計、印刷時的標準，甚至是醫療假人的膚色辨識，或是義肢、整容手術的製造等等，看似膚色的色票比起原本色票的功能來得更多了很多額外的運用，由於網路資訊的流通快速，也加速流行趨勢的傳遞，看來有著更多大企業願意去探討膚色問題，並尋找更大的應用性。

除了現今高科技應用之外，在健康照護上也有相關應用，2016 年有相關學者透過膚色色彩來檢驗陽光下的膚色變化，探討維生素 D 是否缺乏，現今人們工作繁雜，曬太陽補充維生素 D 是有所困難的，即使如此藉由其他的保健品也可以補充其營養，但是在北非國家有許多缺乏維生素 D 的案例產生，所以探討膚色色彩確實是有研究的必要性與實用性。

膚色的擷取與研究以往都是應用於作人臉辨識其中一部分的環節，本書主要探討膚色的真正成色，希望應用在未來的彩妝配色應用上，並把人臉辨識相關研究作為探討，將現有技術做全新的整合與研究，完成現今人們對於人臉感知於膚色瞭解之目的，以達到創新與探討。

4.2 RGB 色彩空間

RGB 採用加法混色法，是以各種「光」通過何種比例來產生顏色，光線從暗黑開始不斷疊加產生顏色，然而 RGB 描述的是紅綠藍三色光的數值，RGB 色彩空間表示色彩幾何學的三維空間，使用紅色、黃色和藍色這三種原色生成不同的顏色，這些顏色就定義了一個色彩空間，如圖 4-2-1 色彩空間之色彩圖中的色彩變化，將紅色的量定義為 X 坐標軸、青色的量定義為 Y 坐標軸、黃色的量定義為 Z 坐標軸，這樣就得到一個三維空間，每種顏色在這個三維空間中都有獨特且唯一的位置，並在大田登[44]（2007）所出版的色彩工程學提到相關應用，以圖 4-2-2 色[F]的三維空間表示和色度圖，目前使用的 RGB 色彩模型用來描述在螢幕上所看到數位影像、和所使用的色彩，並且基於此模式的普通色彩空間有 sRGB，Adobe RGB 和 Adobe Wide Gamut RGB 為主。

Maia[45]等人（2016）提出利用 RGB 於人臉偵測的快速建立，並透過 matlab 程式去做研究之實驗執行。（圖 4-2-1 色彩空間之色彩圖）（圖 4-2-2 色[F]的三維空間表示和色度圖）

---

[44] 大田登/陳鴻興/陳詩涵譯（2007），*電機大出版社*，色彩工程學理論與應用，台北：全華圖書。

[45] Maia, D., & Trindade, R. (2016). Face Detection and Recognition in Color Images under Matlab. International Journal of Signal Processing, Image Processing and Pattern Recognition, 9(2),pp 13-24.

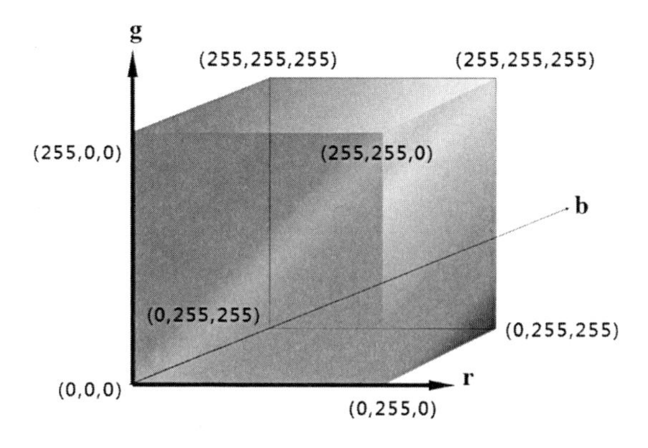

圖 4-2-3 色彩空間之色彩圖

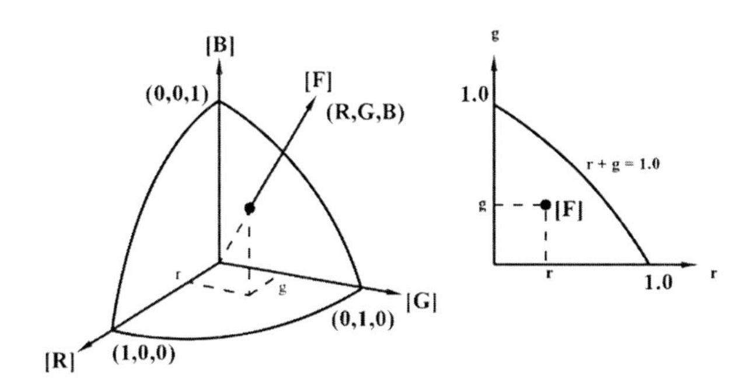

圖 4-2-4 色[F]的三維空間表示和色度圖

4.3 CIE Lab 色彩空間

Lab 色彩空間（Lab color space）是顏色-對立空間，帶有維度 L 表示亮度，a 和 b 表示顏色對立維度，基於了非線性壓縮的 CIE XYZ 色彩空間坐標，Hunter 於 1948 定義 L, a, b 色彩空間的坐標是 L, a 和 b，但是，Lab 經常用做 CIE 1976 （L*, a*, b*）

色彩空間的非正式縮寫（也叫做 CIELAB，它的坐標實際上是 L*, a*和 b*），所以首字母 Lab 自身是有歧義的，這兩個色彩空間在用途上有關聯，但在實現上不同。

兩個空間都得出自「主」空間 CIE 1931 XYZ 色彩空間，它可以預測哪些光譜功率分佈會被感知為相同的顏色，但是它不是顯著感知均勻的。兩個「Lab」色彩空間都受到了孟塞爾顏色系統的強烈影響，意圖都是建立可以用簡單公式從 XYZ 計算出來，但比 XYZ 在感知上更線性的色彩空間。感知上線性意味着在色彩空間上相同數量的變化應當產生大約相同視覺重要性的變化。在用有限精度值來存儲顏色的時候，這可以增進色調的再生。兩個 Lab 空間都相對於它們從而轉換的 XYZ 數據的白點。Lab 值不定義絕對色彩，除非還規定了這個白點。

Zeng[46]等人（2011）提出其中之優點是不像 RGB 和 CMYK 色彩空間，Lab 顏色被設計來接近人類視覺。它致力於感知均勻性，它的 L 分量密切匹配人類亮度感知。因此可以被用來通過修改 a 和 b 分量的輸出色階來做精確的顏色平衡，或使用 L 分量來調整亮度對比。

因為 Lab 空間比電腦螢幕、印表機甚至比人類視覺的色域都要大，表示為 Lab 的位圖比 RGB 或 CMYK 位圖獲得同樣的精度要求更多的每像素數據。

此外，Lab 空間內的很多「顏色」超出了人類視覺的視域，因此純粹是假想的；這些「顏色」不能在物理世界中再生。通過

46 Zeng, H., & Luo, M. (2011). Skin color modeling of digital photographic images.Journal of Imaging Science and Technology, 55(3),pp 30201-30201-30201-30212.

顏色管理軟體，比如置於圖像編輯應用程式中的那些軟體，可以選擇最接近的色域內近似，在處理中變換亮度、彩度甚至色相。Milczarski[47]等人（2014）提出在圖象操作的多個步驟之間使用假想色是很有用的，可理解出 CIE L*a*b*（CIELAB）是慣常用來描述人眼可見的所有顏色的最完備的色彩模型，具有視覺上的均勻性，此顏色空間較 RGB 顏色空間更接近人類眼睛對色彩的描述。

Apple Technology 提出 Lab 高人眼感知系統的顯示器，再次對 Lab 之顏色空間去做描述，如圖 4-3-1，分別為 L 描述亮度值，範圍值介於 0~100、a 描述綠色至紫紅色，範圍介於-500~500、b 描述藍色至黃色，範圍介於-200~200，而 b 在 L 亮度值為 25、50、75 時的顏色分佈圖，如圖 4-3-2。（圖 4-3-1 Lab 的顏色空間）（圖 4-3-2 不同亮度值之色彩分佈圖）

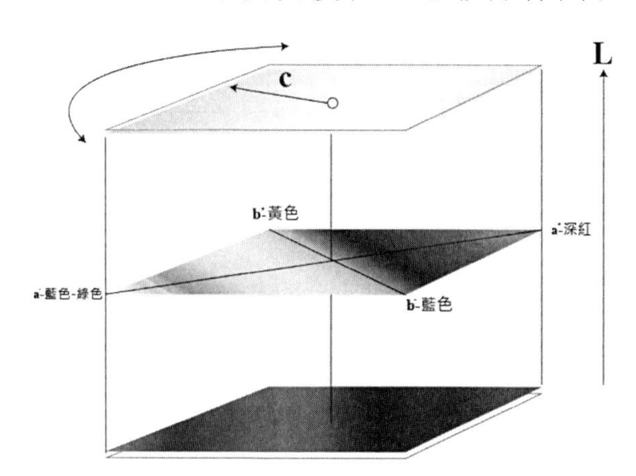

圖 4-3-1 Lab 的顏色空間

[47] Milczarski, P., & Stawska, Z. (2014). Complex colour detection methods used in skin detection systems. Information Systems in Management, 3, pp 20-37.

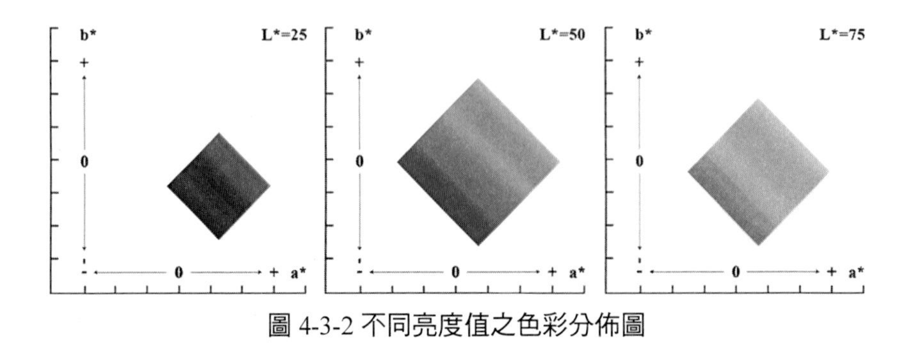

圖 4-3-2 不同亮度值之色彩分佈圖

4.3.1 CIE Lab 的轉換公式

Hsiao[48]（2015）提出相關色彩研究常使用之 CIE Lab 顏色空間是由 CIE XYZ 顏色空間轉換得來，而 CIE XYZ 顏色空間則是由 RGB 顏色空間轉換，透過三維直角坐標系統呈現之色彩空間。

RGB 轉換至 CIE XYZ 的公式如下：

$$\begin{bmatrix} X \\ Y \\ Z \end{bmatrix} = \begin{bmatrix} 0.412453 & 0.357580 & 0.180423 \\ 0.212671 & 0.715160 & 0.072169 \\ 0.019334 & 0.119193 & 0.950227 \end{bmatrix} \begin{bmatrix} R \\ G \\ B \end{bmatrix} \tag{1}$$

再由 CIE XYZ 轉換至 CIE Lab 的公式如下：

$$L^* = 116(Y/Y_n)^{1/3} - 16 \tag{2}$$

$$a^* = 500\{(X/X_n)^{1/3} - (Y/Y_n)^{1/3}\} \tag{3}$$

$$b^* = 200\{(Y/Y_n)^{1/3} - (Z/Z_n)^{1/3}\} \tag{4}$$

$$C^* = \sqrt{a^{*2} + b^{*2}} \tag{5}$$

---

48 Hsiao, S. W., & Tsai, C. J. (2015). Transforming the natural colors of an image into product design: A computer-aided color planning system based on fuzzy pattern recognition.Color Research & Application, 40(6),pp 612-625.

其中 X,Y,Z 表示對象物體的三刺激值：X_n ,Y_n ,Z_n為完全擴散反射面的三刺激值，分別代表：

$$X_{n=0.9515}\ ,Y_n = 1.0000\ ,Z_n = 1.0886，f(t) = \begin{cases} t^{\frac{1}{3}}, t > 0.008856 \\ 7.787 \times t + \frac{16}{116} \end{cases} \quad (6)$$

並利用正規化使$Y_n = 100$，上述公式的適用範圍為

$$X/X_n > 0.008856、Y/Y_n > 0.008856、Z/Z_n > 0.008856$$

4.4 膚色模型

膚色在顏色空間的分佈相當集中，並且在顏色空間中呈現橢圓形狀，如圖 4-4-1，又可稱為膚色橢圓模型，但會受到照明和人種的不同而有所影響，為了減少膚色受照明強度影響，Zeng 等人（2011）提出 2 維與 3 維 d 空間之膚色橢圓模型的比較，如圖 4-4-2 呈現。

根據成像過程之原理，可以將膚色檢測方法分成兩種基本類型：基於統計的方法和基於物理的方法，基於統計的膚色檢測通過建立膚色統計模型進行膚色檢測，主要包括兩個步驟：顏色空間變換和膚色建模。基於物理的方法則在膚色檢測中引入光照與皮膚間的相互作用，通過研究膚色反射模型和光譜特性進行膚色檢測。

統計膚色檢測的主要步驟是顏色空間變換和膚色建模，選擇顏色空間本身就是選擇膚色檢測的最基本特徵表示，膚色模型是關於膚色知識的計算機表示，通過訓練樣本集建立膚色模型是膚

色檢測的關鍵，根據不同應用可以將膚色建模分為靜態和動態兩類。（圖 4-4-1 膚色橢圓）（圖 4-4-2 膚色橢圓體模型建構）

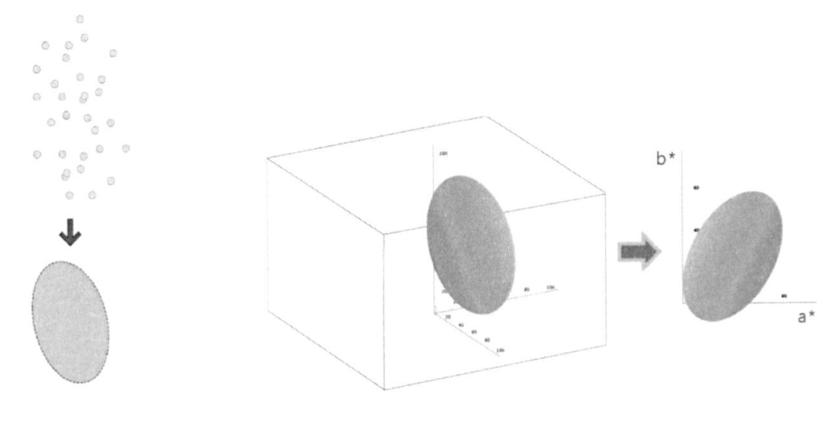

圖 4-4-1 膚色橢圓　　圖 4-4-2 膚色橢圓體模型建構

4.4.1 色彩空間於膚色模型之應用

在膚色橢圓相關文獻中以 RGB、HSV、YC_bC_r、CIE Lab、CIE Luv 這五種為常見，在膚色的探討大多以臉部的辨識為主，真正提及膚色，較為少見有些是以膚色模型來探討數位影像的分析與光對色彩的影響，色彩模型主要源自於色差中的空間橢圓體，通常將色彩空間從 RGB 轉換到亮度與色度分離的某個顏色空間，比如 YC_bC_r 或 HSV，然後放棄亮度分量。

Hsu[49]等人（2002）提出基於 YC_bC_r 空間的亮度補償之膚色模型，並且研究發現 C_bC_r 與 Y 亮度皆會影響膚色區域的形狀，

49　Hsu, R.-L., Abdel-Mottaleb, M., & Jain, A. K. (2002). Face detection in color images. *IEEE transactions on pattern analysis and machine intelligence*, 24(5), pp696-706.

在不同人種的膚色變化不大，膚色的差異更多的是存在於亮度而不是色度。

Zeng 等人（2011）提出基於 YC_bC_r 空間的亮度補償的膚色模型，並且研究發現 C_bC_r 與 Y 亮度皆會影響膚色區域的形狀，研究中以 Lab 的色彩空間為主來針對 L 值的改變作探討。

本書針對相關膚色應用之論文去作探討，以圖 4-4-1-1 整理與呈現，可瞭解到近年來以膚色橢圓去探討膚色的文獻極為少見，大部分都是在偵測膚色來達成臉部偵測的目標，並多數應用在商業模式上，如社群網站 Facebook 上的照片偵測人臉功能，自動化的標註臉書上的相關好友，也是其中的應用之一，多數目的為臉部的偵測，所以多用 RGB、YC_bC_r之色彩空間去探討研究，由於要快速偵測臉部，以 RGB 居多，CIE Lab 擷取真實膚色有利於偵測出人眼所見之膚色。（圖 4-4-1-1 近年相關膚色應用論文表）

Authors	Year	Approach	Features used	Color space
Chakraborty et al	2016	Skin-color-segmentation Skin probability map	Skin color	RGB, YCbCr, ab
Dahal et al	2016	Skin-color-segmentation Skin color model	FacesDetection	RGB, YCbCr,
Chihaouiet al	2015	Skin-color-segmentation Gabor filter Neural network	FacesDetection	YCbCr
Khandelwal et al	2015	Skin-color-segmentation Haar Features	FacesDetection	YCbCr, HSV
Kheirkhah et al	2015	Skin-color-segmentation	FacesDetection	RGB
Milczarski et al	2014	Skin-color-segmentation Distance map	FacesDetection	RGB
Verma et al	2014	Gaussian skin color model Ellipse searching	Skin color	YCbCr,
Zhou et al	2014	Skin-color-segmentation network	FacesDetection	RGB
Hwang et al	2013	Skin Color model Eye detection	Skin color	YCbCr
Rahman et al	2013	Eye &Mouthdetection	FacesDetection	YCbCr
Tin et al	2012	Skin-color-segmentation	FacesDetection	RGB
Alajelet al	2011	Skin-color-segmentation Hausdorff distance	FacesDetection	YCbCr
Satone al	2011	Skin-color-segmentation Feature Extraction	FacesDetection	RGB
Zenget al	2011	Ellipse searching	Skin color	CIE Lab

圖 4-4-1-1 近年相關膚色應用論文表

4.4.2 眼與嘴偵測相關之研究

從膚色橢圓偵測到皮膚色彩，在文獻中 Hsu 等人（2002）提出透過曝光補償與二值化搭配區分膚色區塊，並對嘴、眼、高光區、低光區做分群，再透過邊界橢圓對臉部邊界作定義，再由霍夫理論修正成橢圓型態，如圖 4-4-2-1 呈現；Hwang[50]等人（2013）提出對考慮亮度的膚色模型，並透過高斯分佈統計該亮度數值，透過邊界橢圓去除非膚色區塊與二值化找到高光眼睛橢圓區塊，最後完成人臉偵測，如圖 4-4-2-2 呈現；Rahman[51]等人（2013）提出在複雜影像中對人臉去計算 Cb 與 Cr 方法去區分膚色與非膚色區塊，且偵測出眼和嘴，並以 i 代表右眼中心、k 為左眼中心、j 為嘴巴中心，最後以歐幾里得距離計算出最短的三角距離，並做人臉偵測的依據，如圖 4-4-2-3 呈現；Dahal[52]等人（2016）提到針對臉部透過二值化與膨脹侵蝕的方法，找到臉部膚色與眼睛區塊，再以方框定位追蹤出臉部的區域，如圖 4-4-2-4 呈現。（圖 4-4-2-1 實際應用圖）（圖 4-4-2-2 橢圓切割應用圖）（圖 4-4-2-3 眼嘴三角偵測實例圖）（圖 4-4-2-4 眼睛定位偵測實例圖）

圖 4-4-2-1 實際應用圖

圖 4-4-2-2 橢圓切割應用圖

---

50 Hwang, I., Lee, S. H., Min, B., & Cho, N. I. (2013). Luminance adapted skin color modeling for the robust detection of skin areas.Paper presented at the 2013 IEEE International Conference on Image Processing, pp2622-2625.

51 Rahman, M. H., & Afrin, J. (2013). Human Face Detection in Color Images with Complex Background using Triangular Approach.Global Journal of Computer Science and Technology, 13(4).

52 Dahal, B., Alsadoon, A., Prasad, P., &Elchouemi, A. (2016). Incorporating skin color for improved face detection and tracking system.Paper presented at the 2016 IEEE Southwest Symposium on Image Analysis and Interpretation (SSIAI), pp 173-176.

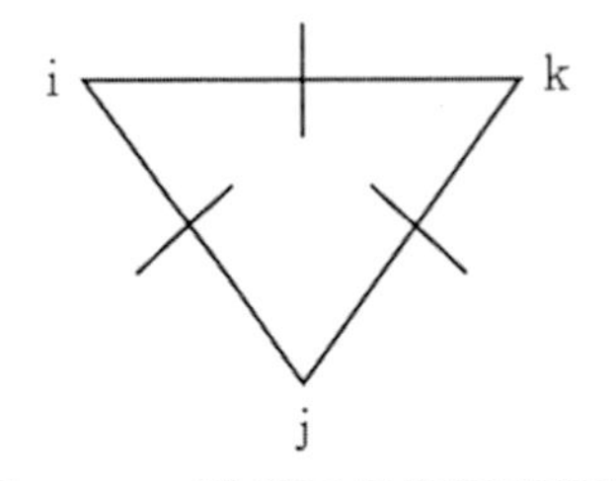

圖 4-4-2-3 眼嘴三角偵測實例圖

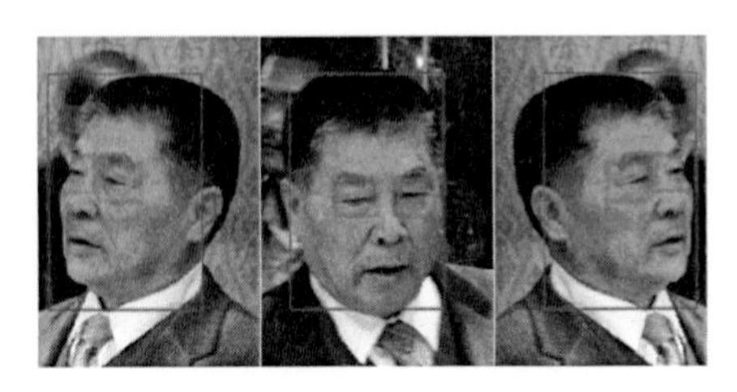
圖 4-4-2-4 眼睛定位偵測實例圖

4.5 擷色概念

市面上有許多螢幕擷取色彩的相關軟體，如 Just Color Picker、ColorPic、ColorSPY 到專業的繪圖軟體 Photoshop 皆有擷取圖像與螢幕網頁色彩之功能，Just Color Picker、ColorPic 軟體的優點除了支援 HTML, RGB, HEX, HSB/HSV, HSL, HSL（255）與 HSL（240）等色彩代碼之外，甚至提供了簡易的調色盤工具，讓我們手動調出想要的顏色，Photoshop 以滴管的圖示傳達吸色，如圖 4-5-1，並做填色的功能，顯示了數位化的擷取色彩，讓使用者可以更快得到自己想要的參考色，然而快速與方便，其實不代表所用的軟體一定是精準地擷取色彩，這攸關市面上使用的軟體皆為透過像素去做擷取，表示你所選到的圖像區塊不盡然是你所看到的大面積的視覺色彩，所以選擇到色彩並不足以代表此圖像的代表色。

Hsiao 等人（2015）提出以模糊方法之模糊關係矩陣計算程序進行，目的在於減少色彩，再把圖像轉換成色彩並選出該區塊代表色，也是用到相關吸取圖像色彩之概念。

Soriano[53]等人（2003）提出膚色其實在不同環境下顯現的膚色皆為不同色彩，學者透過數位攝影機記錄下的膚色軌跡，並以膚色空間呈現膚色的色彩範圍，如圖 4-5-2，其實藉由圖像膚色點的創建，膚色點的設立會因為人眼觀看圖像膚色之距離受影響，表示人眼的感知是均勻的膚色點之色彩。（圖 4-5-1 滴管擷取圖）（圖 4-5-2 膚色色彩範圍）

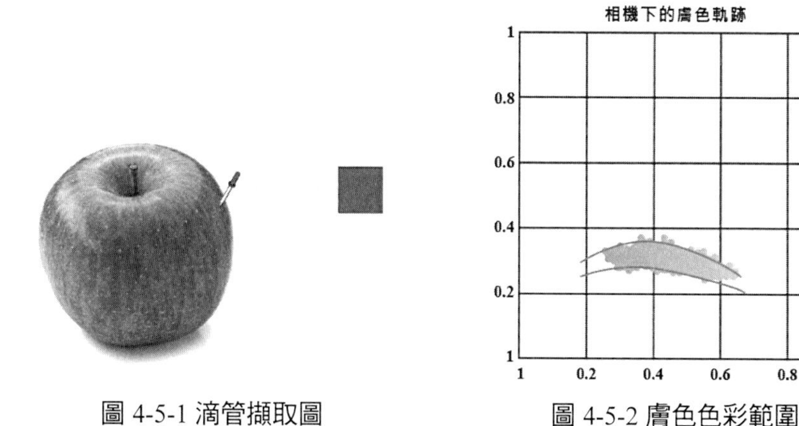

圖 4-5-1 滴管擷取圖　　圖 4-5-2 膚色色彩範圍

4.5.1 Face++人臉特徵點定位系統

Face++™是北京曠視科技（Megvii）有限公司旗下的新型視覺服務平臺，旨在提供簡單易用、功能強大、平臺相容的新一代視覺服務。

隨著微軟 Kinect、GOOGLE Glass 的誕生，機器視覺及人機交互技術將成為下一次 IT 革命浪潮中的核心驅動力。多媒體資

[53] Soriano, M., Martinkauppi, B., Huovinen, S., & Laaksonen, M. (2003). Adaptive skin color modeling using the skin locus for selecting training pixels. Pattern Recognition, 36(3), pp 681-690.

訊和視覺技術，已悄然改變人類生活，如應用於社群網站 Facebook 等，如圖 4-5-1-1，人臉作為信息量最豐富，對使用者而言可以快速連結相關視覺資訊，其巨大的價值毋庸置疑。（Face++Int web site）

Face++團隊專注於研發世界最好的人臉檢測、識別、分析和重建技術，通過融合機器視覺、機器學習、大資料採擷及 3D 圖形學技術，研究團隊的 Sun[54]等人（2013）提出以金字塔網絡（Pyramid CNN）為基底，在每一個層級都有多個神經網絡（CNN），分別對應於每個輸入圖像的區域點，並且由所有的層級中所有的區域點特徵集合而成，而區域點的選擇則依賴於人臉特徵點的檢測和校正。（圖 4-5-1-1 Facebook 人臉偵測實例）

圖 4-5-1-1 Facebook 人臉偵測實例

---

54 Sun, Y., Wang, X., & Tang, X. (2013). Deep Convolutional Network Cascade for Facial Point Detection. *Paper presented at the Computer Vision and Pattern Recognition (CVPR), 2013 IEEE Conference on*, pp3476-3483.

4.6 光譜儀介紹

光譜儀是光譜測量學中使用的重要測量儀器，隨著光譜測量學的廣泛應用，光譜儀被應用於越來越多的領域，如顏色測量、化學成份的濃度測量或輻射度學分析、膜厚測量、氣體成分分析等領域。

光譜儀的製造是一門有著發展悠久的歷史，自牛頓以三稜鏡把陽光分出各個單色光至今，20 世紀 90 年代後，微電子領域中的光學探測器（例如 CCD，光電二極體陣列）製造技術迅猛發展，得以實現生產低成本掃描器和 CCD 相機，然而在工業領域全面應用，使光譜技術進入一個發展快速的時期，在現今講求科技進步與便利的時代，目前的光譜儀器除了大型機台外，也出現了手持式與微型光纖光譜儀，而微型光譜儀可快速與電腦連結，使用了 CCD（CCD 光譜儀）和光電二極體陣列探測器，可以對整個光譜進行快速掃描，不需要轉動光柵，Yoshikawa[55]等人提出針對女性膚色的直接觀察與真實膚色的差異，直觀的客觀影響元素為亮度、彩度、色相角，在此透過光譜儀做實驗校正，如圖 4-6-1，此為本書優先可量之研究器材。（圖 4-6-1 光譜儀實驗驗證）

---

[55] Yoshikawa, H., Kikuchi, K., Yaguchi, H., Mizokami, Y., &Takata, S. (2012). *Effect of chromatic components on facial skin whiteness.Color Research & Application, 37(4)*,pp 281-291.

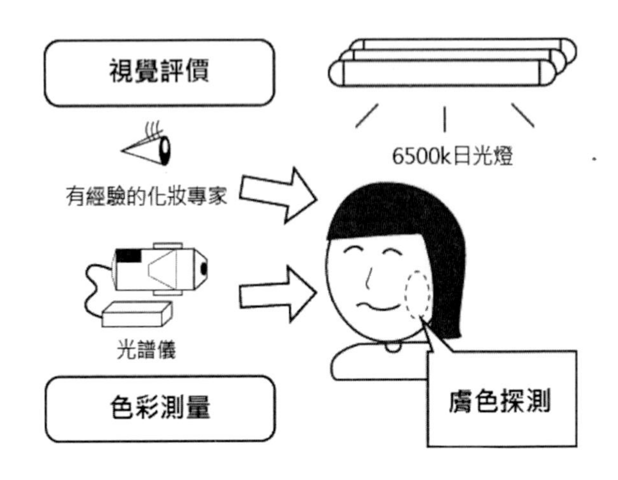

圖 4-6-1 光譜儀實驗驗證

4.6.1 光譜儀的主要功用

將光分解為光譜線的科學儀器，由稜鏡或繞射光柵等構成，當複色光通過分光元件（如光柵、稜鏡）進行分光後，依照光的波長（或頻率）的大小順次排列形成的圖案，而光譜中最大的一部分可見光譜是電磁波譜中人眼可見的一部分，在這個波長範圍內的電磁輻射被稱作可見光。（James, 2007）[56]

利用光譜儀可測量物體表面反射的光線、穿透物體的穿透光和物體的吸收光，如下圖 4-6-1-1 為光譜儀之功能示意圖所示，光源或待測光經狹縫（或光纖）後，再由聚焦鏡變成平行光到分光元件分光後，再經聚焦鏡聚光於狹縫，最後到偵測器，即可量測出待測光光譜和強度。（圖 4-6-1-1 光譜儀功能示意圖）

---

[56] James, John (2007), *Spectrograph Design Fundamentals.* Cambridge University Press. ISBN 0-521-86463-1.

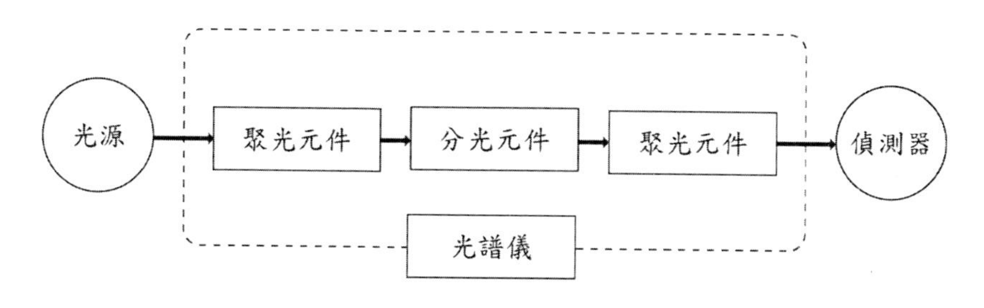

圖 4-6-1-1 光譜儀功能示意圖

4.6.2 微型光纖光譜儀介紹

光譜儀是光譜學的產物，而光譜學是測量紫外線、可見光、近紅外光和紅外波段光強度的一門專業技術，並分析入射光所組成各波長強度關係的一種光學儀器。

光纖光譜儀通常採用光纖作為信號耦合器件，由於光纖的方便性，使用者可以非常靈活的搭建光譜採集系統，James（2007）提出微型光纖光譜儀的優勢在於測量系統的模組化和靈活性，微型光纖光譜儀的測量速度也非常快，可用於即時地線上分析，而且採用了低成本的通用探測器，也降低了光譜儀的成本。

4.6.3 微型光纖光譜儀的基本配置

微型光纖光譜儀基本配置包括一個光柵，一個狹縫，和一個偵測器，光譜儀的性能取決於這些部件的精確組合與校準，校準後光纖光譜儀，對於光纖光譜儀而言，光譜範圍通常在 200nm-2200nm 之間，由於要求比較高的解析度就很難得到較寬的光譜範圍；同時解析度要求越高，其光通量就會偏少，以下介紹基本配置：

光柵，選擇條件取決於光譜範圍以及解析度的要求，對於較低解析度和較寬光譜範圍的要求，300 線/mm 的光柵是通常的選擇。如果要求比較高的光譜解析度，可以通過選擇 3600 線/mm 的光柵，或者選擇更多圖像解析度的探測器來實現。

狹縫，較窄的狹縫可以提高解析度，但光通量較小，另一方面，較寬的狹縫可以增加靈敏度，但會損失掉解析度。在不同的應用要求中，選擇合適的狹縫寬度以便優化整個試驗結果。

偵測器決定了光纖光譜儀的解析度和靈敏度，偵測器上的光敏感區是有限的，它被劃分為許多小圖元用於高解析度，或劃分為較少但較大的圖元用於高敏感度。通常背感光的 CCD 探測器靈敏度要更好一些，因此可以在靈敏度低的情況下獲得更好的解析度。

4.6.4 Ocean Optics USB4000 光譜儀

市面上研發光譜儀的公司眾多，如美國 Ocean Optics、日本 Shimadzu、美國 TMI 集團 ThermoFisher Lawson-Hemphill、瑞士 ThermoARL、德國 Herzog 等等知名大廠，該 USB4000 是一種經濟實惠，且多功能支援程式的光譜儀，並且有著 3648 像素 CCD 陣列檢測器和高光譜高光學分辨率的高速電子配備，而且是個靈活的系統組件，如下圖 4-6-4-1，Tuchina[57]等人（2012）提出皮膚組織沉浸葡萄糖的變化，並使用 USB4000 作為實驗研究儀器，故選擇此儀器為實驗驗證之器材，儀器分別接收器（a）、取樣元件（b）、偵測器（c）、光纖線（d），最後透過 USB 連

[57] Tuchina, D. K., Bashkatov, A. N., Genina, E. A., &Tuchin, V. V. (2012). Glycerol diffusion in skin at glucose impact on tissue.Paper presented at the Communications and Photonics Conference (ACP), pp 1-1.

結線（e）連結至電腦（f），如圖 4-6-4-2。（Ocean Optics Int Web site）（圖 4-6-4-1Ocean Optics USB4000 光譜儀（Ocean Optics Int Web site））（圖 4-6-4-2 儀器連結展示圖（Ocean Optics Int Web site））

圖 4-6-4-1 Ocean Optics USB4000 光譜儀（Ocean Optics Int Web site）

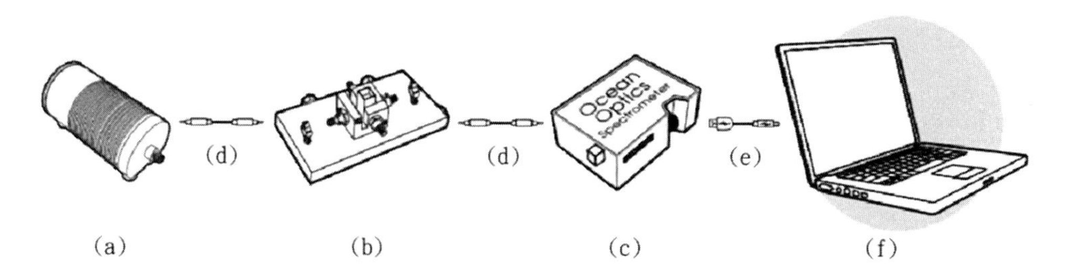

圖 4-6-4-2 儀器連結展示圖（Ocean Optics Int Web site）

4.6.5 微型光譜儀內部構造

微型光譜儀內部構造，以下圖 4-6-5-1 為呈現，（1）是光纖線路的接頭，光纖從這裡接上後，由此進入微型光譜儀，接著經過長方形的狹縫（2），狹縫孔徑可以從 5μm 到 200μm，透過調整狹縫的大小來改變解析度，再經過濾光器（3），且把入射光波長固定在一個範圍內，並過濾掉其他的波長，然後經過反射鏡（4）讓入射光平行反射到光柵（5）上進行分光，分出來各波長的光經由反射鏡（6），投射在偵測器平面（7）上，最後引導光到偵測器（8）。（Ocean Optics Int Web site）（圖 4-6-5-1 微型光譜儀內部構造圖（Ocean Optics Int Web site））

圖 4-6-5-1 微型光譜儀內部構造圖（Ocean Optics Int Web site）

4.7 研究方法與理論

此為本書第三章的方法理論的粗略介紹，第 4.7.1 章節為膚色模型作基礎，第 4.7.2 章節為定位出臉部眼嘴之位置，第 4.7.3 章節以神經網絡方法把眼嘴位置作特徵點定位，並可把特徵點作為擷色點的概念，劃分出擷色點的區域，第 4.7.4 章節為田口方法將特徵點去做最佳化，以提高訓練效率，第 4.7.5 章節以高斯分佈提高訓練的質量，以標準差除去不適合的擷點。

4.7.1 膚色橢圓體理論

應用 Zeng 等（2011）人提到研究膚色集群形狀的亮度依賴性，探討皮膚顏色的亮度與膚色群在 Lab 彩色空間，膚色在 L 亮度值的考量下，且再三維 XYZ 空間中建立橢圓體模型，在三維的色彩空間 T，定義為（r,g,b），則公式（7）如下；Λ^{-1}矩陣公式為公式（8），XYZ 編列成三維模型，公式（9），閥值 ρ 為橢圓體模型建構之依據，則公式（10），例（x y z）的焦點為 1ab（a b c）；橢圓的標準方程是橢圓在直角坐標系下各橢圓上的點的座標滿足的方程式。其中有：b2 a2 c2（c 0），c 是橢圓的焦點距直角坐標系原點的距離。將橢圓向 x 軸負方向移動 c 個單位長度，方程則變成 2（x c）y2 12ab 在極坐標系下，x rcos , y rsin ,代入上公式（9）得：（rcos c）2r2sin2 122ab，再以 r 的一元二次方程[r2（a2,c2,cos2 ） 2c,b2,rcos b4 0]呈現，最後得到每一個膚色（r,g,b）。ρ =1.5 在膚色橢圓體模型中重合數值為 34.5%，ρ =3 在膚色橢圓體模型中重合數值為 60.2%，ρ =6 在膚色橢圓體模型中重合數值為 91.4% ，在重合數值 90%為最佳的標準值，在此就可以成立六點為假說。

$$\mathrm{T} = \begin{pmatrix} x \\ y \\ z \end{pmatrix} = \begin{pmatrix} r \\ g \\ b \end{pmatrix} \qquad (7)$$

$$\Lambda^{-1} = \begin{pmatrix} \lambda_{00} & \lambda_{01} & \lambda_{02} \\ \lambda_{10} & \lambda_{11} & \lambda_{12} \\ \lambda_{20} & \lambda_{21} & \lambda_{22} \end{pmatrix} \qquad (8)$$

$$\Phi = \lambda_{00}(r - r_0)^2 + (\lambda_{01} + \lambda_{10})\ (r - r_0)(g - g_0) + (\lambda_{02} + \lambda_{20})(r - r_0)(b - b_0) + \lambda_{11}(\mathrm{g} - \mathrm{g}_0)^2 + (\lambda_{12} + \lambda_{21})(g - g_0)(b - b_0) + \lambda_{22}(\mathrm{b} - \mathrm{b}_0)^2 \qquad (9)$$

$$\Phi(r, g, b) = u_0(r - r_0)^2 + u_1(r - r_0)(g - g_0) + u_2(g - g_0)^2 + u_3(r - r_0)(b - b_0) + u_4(g - g_0)(b - b_0) + u_5(b - b_0)^2 = \rho \qquad (10)$$

4.7.2 臉部眼嘴之定位方法

Yoshikawa 等人（2012）於 SHISEIDO Co., Ltd., Tokyo, Japan 曾針對日本女性美白肌膚作探討與研究，在擷取膚色的研究，定義出測色區域為上額、上臉頰與下臉頰作為膚色觀察的主要擷取點，Rahman（2013）提出在複雜影像中對人臉去計算 Cb 與 Cr 方法去區分膚色與非膚色區塊，且偵測出眼和嘴，最後以歐幾里得距離計算出最短的三角距離，並做人臉偵測的依據，依據高 Cb 與低 Cr 去尋找眼睛區域，眼睛區域 C 為公式如（11），第一步驟在對圖像灰階二值化後，第二步驟再 C_b/C_r 求取範圍，第三步驟在求取亮度 L 之公式如（12），透過⊕代表擴張，⊖代表縮減，找到亮度極高的眼睛區域；嘴巴區域為公式（13），以公式（14）以此衍生出以 YCbCr 空間判定出眼與嘴位置。

$$EyeMapC = \frac{1}{3}\left\{(C_b^2) + \left(\widetilde{C_r}\right)^2 + (C_b/C_r)\right\} \quad (11)$$

$$EyeMapL = \frac{Y(x,y) \oplus g_\sigma(x,y)}{Y(x,y) \ominus g_\sigma(x,y)+1} \quad (12)$$

$$MouthMap = C_b^2 \cdot (C_b^2 - \eta * C_b/C_r)^2 \quad (13)$$

$$\eta = 0.95 \cdot \frac{\frac{1}{n}\sum_{(x,y)\in Fg} C_r(x,y)^2}{\frac{1}{n}\sum_{(x,y)\in Fg} C_r(x,y)/C_b(x,y)} \quad (14)$$

4.7.3 神經網路方法應用於眼嘴區塊擷點定位

在定位出主要先以 FACE++的建構方法來定位出眼嘴的位址與相關特徵點，而研究團隊 Sun 等人（2013）提出以深入式的卷積神經網路（Deep CNN）之方法，透過一個新的位置預估與圖像臉部關鍵點定位，應用卷積網絡四個層級做訓練，且有著多個的輸出網絡的融合，來達成準確的估計臉部關鍵點定位，如圖 4-7-3-1。（圖 4-7-3-1 人臉關鍵點定位圖）

圖 4-7-3-1 人臉關鍵點定位圖

由於卷積網絡的深層結構，全球高層次的特徵被提取全臉在初始化階段，這有助於找到高區精度的關鍵點。此方法為由多個金字塔組成，下層層級又由多個神經網路所組成，多層的訓練以致可處理的資料增加了許多，也較於傳統神經網路訓練方法來得非常快，而且是高效率的方法，所以以下會針對基本神經網路模型概述、卷積神經網絡、深層卷積網路之理論作介紹：

（一）基本神經網路之簡介

一般而言，目前現有的大部分人工神經網路模型，基本上都是根源於對生物神經網路的認識而起，一個神經細胞體，它是由細胞核與鄰近之細胞質所構成，它具有接受外界刺激的功能，並且傳遞給其他細胞的能力，細胞中會藉由突觸來傳達刺激，其功能類似輸出端，其中分為化學性突觸與電性突觸，前者化學性突觸有一種使得它們非常適於神經系統訊號傳遞的特點：它們只能朝單一方向傳遞訊息；這與後者電性突觸可以雙向傳遞訊號的性質大不相同。

人類的中樞神經主要是由數以百計的不同神經元池所組成，在人工神經網絡中被稱為神經元層，並一端連接著輸入纖維，另一端連結著輸出纖維，在末梢短時間連續刺激同一神經元就能夠使神經單元興奮，那這個達到興奮的臨界值或閥值就取決於末梢數量，在此稱為靈敏化。

在大量信號進入神經元池後，會接連刺激更多神經纖維，有著兩種型態：一為離散，指的是多個信號平行輸入多個神經單位中，呈現擴大功能，另一為不同路徑的分歧離散，但也存在著聚合現象，多個信號只輸入單一神經單位中，容許各種資料輸入就可呈現加成的作用，並且學習與調適。

現今神經網路主要是由許多神經元（Artificial Neurons）或節點（Nodes）所組成，神經元是生物神經元的簡單模擬，它從外界環境或其它神經元取得資訊，並以簡單的運算程序後輸出其結果到外界或其它神經元，並能透過自動學習，學習樣本之間的

關係，以其非線性映射能力和無模型估計的特徵，有效解決問題。（張維哲，1992）[58]

（二）卷積神經網絡

卷積神經網絡是計算機科學、生物學和數學的組合，但它已經成為計算機視覺領域新技術，如 Facebook 將神經網絡用於自動標註算法、谷歌將它用於圖片搜索、亞馬遜將它用於商品推薦、Pinterest 將它用於個性化主頁推送、Instagram 將它用於搜索架構，Lawrence[59]等人（1997）提出卷積神經的使用，有效改進影像探索之效率。以下為此方法之應用：

對於圖像特徵提取任務，卷積神經網路的一般結構如圖 4-7-3-2：（圖 4-7-3-2 卷積神經結構圖）

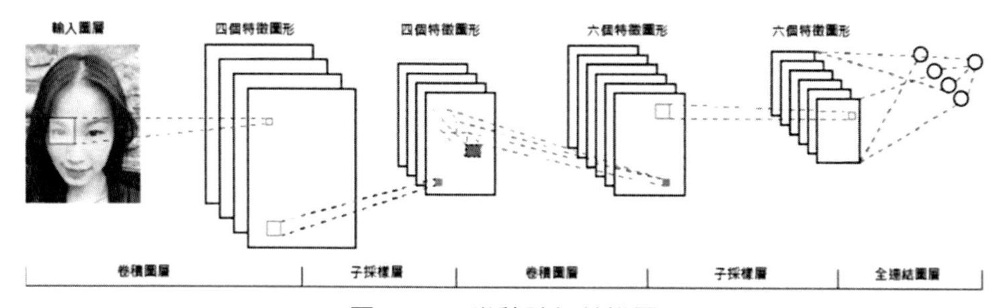

圖 4-7-3-2 卷積神經結構圖

卷積神經網路結構包括：卷積層，降採樣層，全連結層。每一層有多個特徵圖，每個特徵圖通過一種卷積過濾器提取輸入的

58　張維哲（1992），*人工神經網路*，全欣出版社，台北： 全欣資訊圖書股份有限公司。

59　Lawrence, S., Giles, C. L., Ah Chung, T., & Back, A. D. (1997). Face recognition: a convolutional neural-network approach.IEEE Transactions on Neural Networks, 8(1), 98-113. doi: 10.1109/72.554195, pp 98-113.

一種特徵，每個特徵圖有多個神經元，以圖 4-7-3-2-2 來解釋各層的具體操作。（圖 4-7-3-3 各層的具體操作圖）

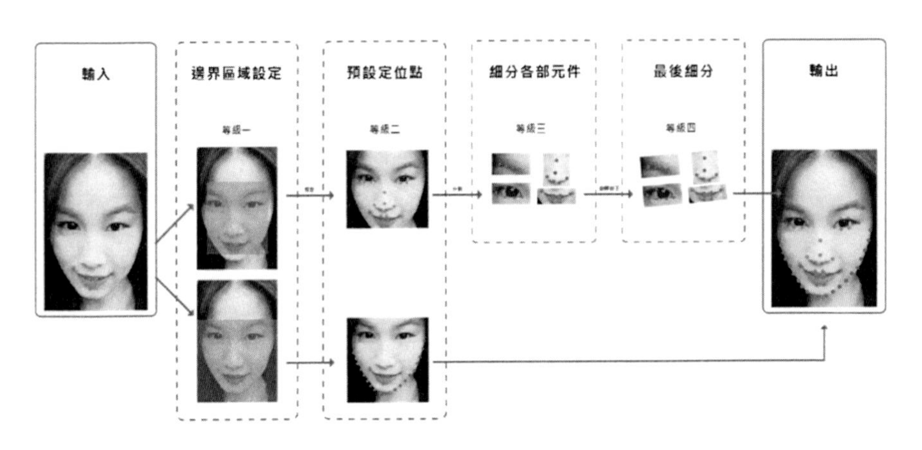

圖 4-7-3-3 各層的具體操作圖

1.卷積層

使用卷積層有一個重要特點是，通過卷積運算，可以使原信號特徵增強，並且降低噪音。用 6 個 5×5 的篩檢程式進行卷積，結果是在卷積層 C1 中，得到 6 張特徵圖，特徵圖的每個神經元與輸入圖片中的 5×5 的鄰域相連，即用 5×5 的卷積核至卷積輸入層，由卷積運算可得 C1 層輸出的特徵圖大小為（32-5+1）×（32-5+1）=28×28。

2.降採樣層

使用降採樣的原因是，根據圖像局部相關性的原理，對圖像進行子採樣可以減少計算量，同時保持圖像旋轉不變性。降採樣後，降採樣層 S2 的輸出特徵圖大小為（28÷2）×（28÷2）=14×14。

3.全連接層

採用 softmax 函數全連接，公式（15）如下，一個 zj 大過其他 z,那這個映射的分量就逼近於 1，其他就逼近於 0，主要應用就是多分類，sigmoid 函數只能分兩類，而 softmax 能分多類，而 softmax 是 sigmoid 的擴展，得到的啟動值即是卷積神經網路提取到的圖片特徵。$\sigma(z)_j = \frac{e^{zj}}{\sum_{k=1}^{K} e^{zk}}$ （15）

透過旋轉特徵圖來校正點的位置，根據預測點的位置和一個偏移點，透過共變量 cov 之計算公式，如公式（16）得以取得該位置的像素值，然後計算兩個這樣的像素的差值，如公式（17），最後步驟透過誤差值修正，如公式（18），做距離歸一化，並留下最末端的定位擷點從而得到了形狀特徵達到特徵點精確定位。

$$\text{crr}\left(Y_{proj}, \rho_m - \rho_n\right) = \frac{cov(g_{proj}, \rho_m) - cov(g_{proj}, \rho_n)}{\sqrt{\sigma(r_{proj})\sigma(\rho_m - \rho_n)}} \quad (16)$$

$$\sigma(\rho_m - \rho_n) = cov(\rho_m, \rho_m) + cov(\rho_n, \rho_n) - 2cov(\rho_m, \rho_n) \quad (17)$$

$$err = \frac{1}{N}\sum_{i=1}^{N} \frac{\frac{1}{M}\sum_{j=1}^{M} |p_{i,j} - g_{i,j}|_2}{|l_i - r_i|_2} \quad (18)$$

（三）深層卷積網路

此研究使用 DCNN 作為系統的基本構建區域，Sue（2013）提出深層卷積網路執行大量影像是有效且快速於人臉偵測上。以圖像原始像素作為輸入，並在需要的點的坐標進行回歸，以圖 4-7-3-3-1 為深層卷積網路架構的圖示，接續由三個卷積層輸入節點後層疊，對每個卷積層採用了一些過濾器，多個輸入圖像和輸出的反應。（圖 4-7-3-4 深層卷積網路架構）

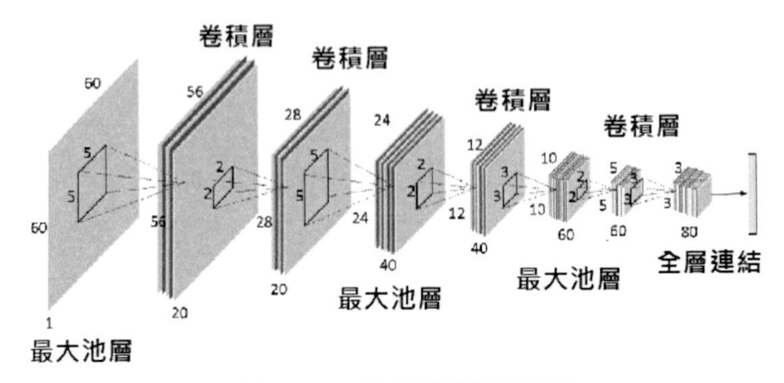

圖 4-7-3-4 深層卷積網路架構

以下為深層卷積網路模型介紹：

(1) 輸入到第 t 個卷積層是I^t，其中 I 表示輸入至卷積層，F 和 B 是可調參數。

，則輸出根據計算公式（19）如下：

$$C_{i,j,k}^{t} = \left|tanh\left(\sum_{r=0}^{h_t-1}\sum_{g=0}^{W_t-1}\sum_{b=0}^{C_t-1} I_{i-x,j-y,z}^{t-1} \cdot F_{x,yk,z}^{t} + B_k\right)\right| \quad (19)$$

(2) 最大池區與非重疊池區卷積，以公式（20）呈現：

$$I_{i,j,k}^{t} = \max_{0\leq r<d,0\leq g<d}\left(C_{i\cdot d+r,j\cdot d+g,k}^{t}\right) \quad (20)$$

在此力求像素的精度，所以在此使用最大池層，然而，這些層在由這些層所致以及整個系統的魯棒性補償的信息中匯集的操作，在輸入圖像上的整體形狀和相對位置是重點。

最終預測是由一個或兩個完全連接層產生的，參數被調節以最小化在 L2 損失，解說公式（21）入下：

$$\sum_{I^0}\left|layer_m \circ layer_{m-1} \circ \cdots \circ layer_1(I^0) - label \ \ (I^0)\right|_2^2 \quad (21)$$

誤差值是由眼距離歸一化的平均歐幾里得距離，如公式（22）。

$$err = \frac{1}{N}\sum_{i=1}^{N}\frac{\frac{1}{M}\sum_{j=1}^{M}\left|p_{i,j}-g_{i,j}\right|_2}{|l_i-r_i|_2} \quad (22)$$

特點：第一個是預測里程碑式之間的平均距離由兩眼間位置和地面實況距離其中 M 是圖像數目，p 是預測，g 是實際圖像，L 和 R 是左眼的位置角落，分別定位在右眼角與左眼角。第二個是累積繪出點對百分比誤差曲線歸一化的距離，如圖 4-7-3-3-2 部位擷取紅點圖。最後結合 Yoshikawa 等人（2012）等人提出分別為額頭、右臉頰、左臉頰、下額等四個膚色主要區域進行擷取相關膚色 RGB 色彩。（圖 4-7-3-5 部位擷取紅點圖）

圖 4-7-3-5 部位擷取紅點圖

4.7.4 田口方法

田口玄一博士（Dr. Genichi Taguchi）於 1950 年代所開發倡導利用直交表實驗設計與變異數分析，以少量的實驗數據進行分析，有效提昇產品品質，在於以較少的實驗組合，取得有用的資訊，由此可見田口方法是一種低成本、高效益的質量工程方法，它強調產品質量的提高不是通過檢驗，而是通過設計。田口方法是日本田口玄一博士創立的，其核心內容被日本視為「國寶」，日本和歐美等發達國家和地區，儘管擁有先進的設備和優質原材料，仍然嚴把質量關，應用田口方法創造出了許多世界知名品牌，隨著市場競爭的日趨激烈，企業只有牢牢把握市場需求，用較短的時間開發出低成本、高質量的產品，才能在競爭中立於不敗之地。在眾多的產品開發方法中，田口方法不失為提高產品質量，促進技術創新，增強企業競爭力的理想方法。（李輝煌，2015）[60]

Lin[61]等人（2009）使用田口方法針對液晶顯示器 LED 的背光亮度去做改進，提高了 85%的亮度與 0.01 的色差，表示田口方法用於產品優化，均適用於其他領域。

（一）田口方法之目的

其目的在於讓設計的產品質量穩定、波動性小，使生產過程對各種雜訊不敏感。在產品設計過程中，利用質量、成本、效益的函數關係，在低成本的條件下開發出高質量的產品。田口方法認為，產品開發的效益可用企業內部效益和社會損失來衡量·企業內部效益體現在功能相同條件下的低成本，社會效益則以產品進入消費領域後給人們帶來的影響作為衡量指標。假如，由於一個產品功能波動偏離了理想目標，給社會帶來了損失，在此就認

---

60 李輝煌（2015），*田口方法品質設計的原理與實務* 4 版，高立出版社，台北：高立圖書公司。

61 Lin, C.-F., Wu, C.-C., Yang, P.-H., &Kuo, T.-Y. (2009). Application of Taguchi method in light-emitting diode backlight design for wide color gamut displays. Journal of Display Technology, 5(8), pp323-330.

為它的穩健性設計不好，而田口式的穩健性設計恰能在降低成本、減少產品波動上發揮作用。

雖不如全因子法真正找出確切的最佳化位置，但能以少數實驗便能指出最佳化趨勢，可行性遠大於全因子法。田口方法有以下特點：（1）基於品質損失函數之品質特性、（2）實驗因子的定義與選擇、（3）S/N 比、（4）田口直交表。

（二）田口方法的特點

田口方法的特色主要體現在以下幾個方面：

（1）「源流」管理理論。田口方法認為，開發設計階段是保證產品質量的源流，是上游，製造和檢驗階段是下游。在質量管理中，「抓好上游管理，下游管理就很容易」，若設計質量水平上不去，生產製造中就很難造出高質量的產品。

（2）產品開發的三次設計法。產品開發設計（包括生產工藝設計）可以分為三個階段進行，即系統設計、參數設計、容差設計。參數設計是核心，傳統的多數設計是先追求目標值，通過篩選元器件來減少波動，這樣做的結果是，儘管都是一級品的器件，但整機由於參數搭配不佳而性能不穩定。田口方法則先追求產品的穩定性，強調為了使產品對各種非控制因素不敏感可以使用低級品元件．通過分析質量特性與元部件之間的非線性關係（交互作用），找出使穩定性達到最佳水平的組合。產品的三次設計方法能從根本上解決內外干擾引起的質量波動問題，利用三次設計這一有效工具，設計出質量好、價格便宜、性能穩定的產品。

（3）質量與成本的平衡性。引入質量損失函數這個工具，使工程技術人員可以從技術和經濟兩個方面分析產品的設計、製造、使用、報廢等過程，使產品在整個壽命周期內社會總損失最小。在產品設計中，採用容差設計技術，使得質量和成本達到平衡，設計和生產出價廉物美的產品，提高產品的競爭力。

（4）新穎、實用的正交試驗設計技術。使用綜合誤差因素法、動態特性設計等先進技術，用誤差因素模擬各種干擾（如雜訊），使得試驗設計更具有工程特色，大大提高試驗效率，增加試驗設計的科學性，其試驗設計出的最優結果在加工過程和顧客環境下都達到最優。

（三）田口方法之執行步驟

實施步驟可分為執行步驟，共有十個步驟，最終步驟於反覆驗證中若有必要，可以重覆以上步驟，直到達到最佳的品質及性能為止。

如下呈現：

步驟一：選定品質特性。

步驟二：判定品質特性之理想機能。

步驟三：列出所有影響此品質特性的因子。

步驟四：定出信號因子的水準。

步驟五：決定控制因子並定出它們的水準。

步驟六：決定干擾因子並定出它們的水準，必要的話，可以進行「干擾實驗」。

步驟七：選定適當的直交表，並安排完整的實驗計劃。

步驟八：執行實驗，記錄實驗數據。

步驟九：S/N 比作資料分析。

步驟十：確認反映圖與因子效應之實驗結果。

（四）實驗直交表

所謂「直交」（orthogonal）是指兩行之間，所有水準組合出現的次數都是一樣多。譬如圖 4-7-4-4-1 中的 A, B 兩個直行中，出現（1,1），（1,2），（1,3），（2,1），（2,2），（2,3）的次數都是 3 次。其他任何兩行之間都有這種直交關係，一個實驗陣列，如果任何兩行之間都有著直交關係，則此實驗陣列稱為一個直交表，使用直交表除了可以大量降低實驗成本以外，最大的好處是簡化資料分析的工作，並且整理出實驗記錄表及實驗數據。（圖 4-7-4-1 L18 直交表）

Exp.	A	B	C	D	E	F	G	H
1	1	1	1	1	1	1	1	1
2	1	1	2	2	2	2	2	2
3	1	1	3	3	3	3	3	3
4	1	2	1	1	2	2	3	3
5	1	2	2	2	3	3	1	1
6	1	2	3	3	1	1	2	2
7	1	3	1	2	1	3	2	3
8	1	3	2	3	2	1	3	1
9	1	3	3	1	3	2	1	2
10	2	1	1	3	3	2	2	1
11	2	1	2	1	1	3	3	2
12	2	1	3	2	2	1	1	3
13	2	2	1	2	3	1	3	2
14	2	2	2	3	1	2	1	3
15	2	2	3	1	2	3	2	1
16	2	3	1	3	2	3	1	2
17	2	3	2	1	3	1	2	3
18	2	3	3	2	1	2	3	1

圖 4-7-4-1 L18 直交表

（五）S/N 比

品質特性的量測值（或是其平均值）通常並不適合直接用來

作為品質指標。在田口方法中，S/N 比（信號雜訊比，signalto-noise ratio）常用來作為品質的計量單位，S/N 比也可以代表量測值（亦即品質特性）的變異程度，S/N 值越大表示標準偏差越小，亦即變異越小，表示品質越佳，以公式（23）表示，S 信號值公式為（24）資料分析目的是希望能獲得一組因子組合，使得 S/N 最大化。例如：基本構想是將 n 個因子分類，有些用來最大化 S/N，有些用來調整 y，ȳ因子的公式為（25），為了將 n 個因子分類，我們必須先瞭解每個因子對 S/N 或 y 的影響。

$$S/N = -10log\frac{S^2}{\bar{y}^2} \tag{23}$$

$$\bar{y} = \frac{\sum_{i=1}^{n} y_i}{n} \tag{24}$$

$$S = \sqrt{\frac{\sum_{i=1}^{n}(y_i - \bar{y})^2}{n-1}} \tag{25}$$

（六）因子效應之介紹

所謂因子效應是指控制因子的變動對 S/N 比或品質特性影響的大小。譬如因子 A 由第 1 水準變動到第 2 水準時，S/N 比的平均變動量稱為 A 的因子效應，此處可以表示成 EA1→2。因子 B 由第 1 水準變動到第 2 水準時，S/N 比的平均變動量可以記為 EB1→2，而因子 B 由第 2 水準變動到第 3 水準時，S/N 比的平均變動量可以記為 EB2→3。

（七）反應表及反應圖

一個因子的變動會對 S/N 比產生顯著的影響時，稱此因子為重要因子，在統計學中的「變異分析」其中一個目的就是用來決定因子的重要性。目前暫時用另一種較簡單的方法，又稱為「一半準則」來決定因子的重要性。這種簡單的方法雖然沒有統計的理論基礎，但是常常可以得到和「變異分析」同樣的結論。

（八）控制因子之分類

第 1 類是對 S/N 具有影響力的因子，可以用來最大化 S/N 比，亦即縮小變異。其餘因子再分為兩類：第 2 類是對品質特性有影響力的因子，用來調整品質特性的平均值至目標值而不致於改變品質特性的變異，這一類控制因子又稱為「調整因子」。第 3 類是對 S/N 及品質特性都不具影響的因子，用來降低成本。

（九）製程最佳化

先利用第 1 類因子，來最大化 S/N 比，亦即使品質特性的變異縮成最小，再利用第 2 類因子，調整品質特性的平均值至目標值但變異維持不變。最後利用第 3 類因子來降低成本；這一階段不影響分佈曲線的形狀。

（十）確認

在製程參數最佳化的程序中，可使用了一個假設：因子效應是獨立的，並可依據反應分析的結果來決定某一因子的最佳值時，最後假設它並不受其它因子的設定值而有所不同。

4.7.5 高斯分佈

高斯分佈，英文為 Gauss Distribution，又被稱為常態分佈/常態分佈/常態分配，是應用最廣的機率分配，一般研究變數常會呈現常態分佈或近似常態分佈，如身高、體重、收入、支出、意見程度，甚至在統計模型預測的誤差上，也常以高斯分佈來考慮，高斯分佈之公式（26）如下，μ 為平均值、σ 為標準差：

$$f(x)=\frac{1}{\sqrt{2\pi}\,\sigma}e^{\frac{(x-\mu)^2}{2\sigma^2}},\quad -\infty<\mu<\infty,\sigma>0 \qquad (26)$$

高斯分佈具有以下各項特性：

(1) 以數值資料平均值 μ 為中心，分佈曲線呈現鐘的形狀，以圖 4-7-5-1 呈現，中心點位置其數值出現的頻率（次數）最多，離中心點位置左右（可延伸到無窮大±∞）的數值出現頻率漸少，曲線左右對稱，即大於平均值和小於平均值的出現頻率相等，σ 標準差越大，分配偏離中心 μ 越遠，曲線圖越平緩。

(2) 母數平均數、眾數、中位數都是相同的值，即 $\mu=m=Q_2$。

(3) 機率分配函數圖形向曲線中心的兩端延伸，逐漸趨近橫軸。（即機率函數值遞減）（吳柏林，2013）[62]

例：平均數為 170，變異數為 25 的常態分佈，寫成 N（170, 25），170 的機率密度，就可 NORMDIST 函數（170,170,5）」得機率密度為 0.0798。（圖 4-7-5-1 高斯分佈鐘形圖（吳柏林，2013））

62 吳柏林（2013），*現代統計學*，五南出版社，台北：五南圖書出版公司。

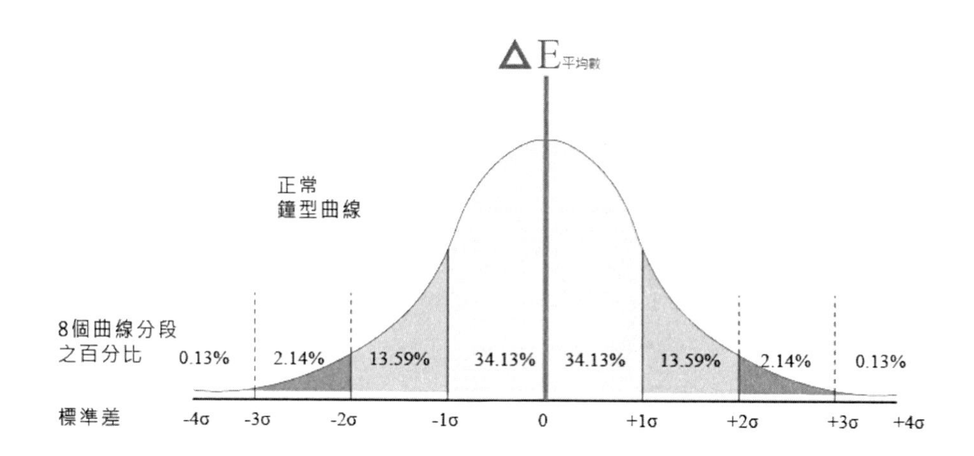

圖 4-7-5-1 高斯分佈鐘形圖（吳柏林，2013）

4.7.6 CIE 2000 色差公式

大自然空間中有著不同的色彩，對於人眼而言，空間感使得辨別能力是不一樣的，有些顏色即使是不一樣的，我們也很難察覺，在色度圖中這些給我們視覺感官一致但實際卻不一樣的顏色所在的區域，我們稱為人眼辨別臨界區。

色差是用來評估色彩與色彩之間感知的差距，而理想的色差公式，是在相同環境，且能符合人眼視覺特性，對於兩色彩間感知的距離尺度下，將色彩加以量化表示，以一個色差值（ΔE）來評量色彩差異程度，發展出來的計算公式，CIELAB 2000 色差公式是為 CIE 協會所認可的標準色差公式之一，使得在整個 CIE Lab（L*a*b*色空間）中，色差計算值與人眼評估更為接近。

（Garrett, 2003）[63]

CIELAB 2000 色差公式綜合了在 CIE Lab（L*a*b*色空間）中人眼的辨別臨界區的特徵，色差公式（27）如下，並為與人眼評估密切相關的三個參數：飽和度、色調及亮度獨立設置了修正係數。

$$\Delta E^*_{ab} = \sqrt{\left(\frac{\Delta L'}{K_L S_L}\right)^2 + \left(\frac{\Delta C'_{ab}}{K_C S_C}\right)^2 + \left(\frac{\Delta H'_{ab}}{K_H S_H}\right)^2 + R_T\left(\frac{\Delta C'}{K_C S_C}\right) + \frac{\Delta H'_{ab}}{K_H S_H}} \quad (27)$$

計算步驟：

步驟一：計算 CIE Lab 公式中的L^*, a^*, b^*, C^*_{ab}，以 4.3.1 公式（2）（3）（4）（5）

步驟二：計算L´,a´, C´, h´ $\overline{C^*_{ab}}^7$為$C^*_{ab}{}^7$的算術平均數，以公式（28）表示，而 CIE Lab 色彩空間軸a^*的調整因子，則以公式（29）表示：

$$\begin{cases} L' = L^* \\ a' = (1+G)\cdot a^* \\ b' = b^* \\ C'_{ab} = \sqrt{a^2+b^2} \\ h'_{ab} \tan^{-1}(b'/a') \end{cases} \quad (28)$$

$$G = 0.5\cdot\left(1-\sqrt{\frac{\overline{C^*_{ab}}^7}{\overline{C^*_{ab}}^7+25^7}}\right) \quad (29)$$

步驟三：計算亮度差$\Delta L'$，彩度差$\Delta C'_{ab}$，色相差$\Delta H'_{ab}$，

---

63 Garrett M. Johnson, Mark D. Fairchild (2003). A Top Down Description of S-CIELAB and CIEDE2000. Color Research & Application, 28, pp 425 – 435.

$\Delta C'_{ab,1}$為標準色，$\Delta C'_{ab,2}$ 為樣本色，以公式（30）與公式（31）：

$$\begin{cases} \Delta L' = L'_1 - L'_2 \\ \Delta C'_{ab} = \Delta C'_{ab,1} - \Delta C'_{ab,2} \\ \Delta H'_{ab} = \sqrt{C'_{ab,1}} \cdot C'_{ab,2} \sin\left(\frac{\Delta h'_{ab}}{2}\right) \end{cases} \quad (30)$$

$$\Delta h'_{ab} = h'_{ab,1} - h'_{ab,2} \quad (31)$$

步驟四：計算S_L,S_C, S_H以及R_r,R_c，以公式（32），使角度和弧度的相互轉化，以公式（33），由色調決定旋轉角，由公式（34）與公式（35）表示，根據彩度變化之旋轉幅度，以公式（36）表示：

$$\begin{cases} S_L = 1 + \frac{0.015 \cdot \left(\overline{L'} - 50\right)^2}{\sqrt{20 + \left(\overline{L'} - 50\right)^2}} \\ S_C = 1 + 0.45 \cdot \overline{C^*_{ab}} \\ S_H = 1 + 0.015 \cdot \overline{C'_{ab} \quad} * T \end{cases} \quad (32)$$

$$T = 1 - 0.17 \cdot \cos\left(\overline{h'_{ab}\quad} - 30°\right) + 0.24 \cdot \cos\left(2\overline{h'_{ab}\quad}\right) + 0.32 \cdot \cos\left(3\overline{h'_{ab}\quad} + 6°\right) - 0.20 \cdot \cos\left(4\overline{h'_{ab}\quad} - 63°\right) \quad (33)$$

$$R_r = \sin(2\Delta\theta) \cdot R_c \quad (34)$$

$$\Delta\theta = 30 \cdot exp\left[-\left(\frac{\overline{h'_{ab}\quad} - 275°}{25}\right)\right] \quad (35)$$

$$R_c = 2\sqrt{\frac{\overline{C^*_{ab}}^7}{\overline{C^*_{ab}}^7 + 25^7}} \quad (36)$$

步驟五：代入 CIE2000 公差公式（27）計算。

4.8 研究流程與步驟

研究假設影像人臉探測，可由最少的擷色點作為具代表性的膚色象徵，並經由膚色模型的比對與田口方法的驗證，可以將擷色點數最小化至六點且具代表性，最後再以科技實驗的光譜儀作本書之驗證，如圖 4-8-1 研究流程圖。

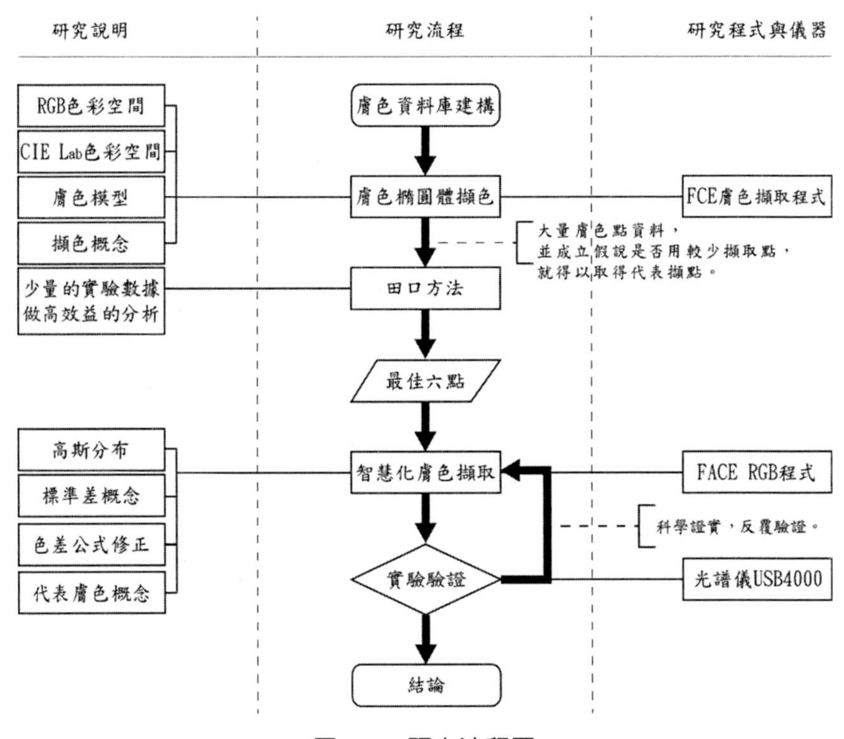

圖 4-8-1 研究流程圖

4.8.1 膚色照片與資料收集

女性們都想知道有著亮白皮膚的方法，皮膚專家蘭波（Angela Lamb）曾指出，女性的膚色從 20、30 以及 40 歲等不同年齡層去做好保養，達到凍齡抗老以及保持肌膚的青春煥發，代表膚色受年齡的影響甚深，並以 20～25 歲、25～35 歲、35～45 歲作區分，從 Hsu 等人（2002）提出在圖像偵測上正面照、側面照的偵測難易度去做測試，正面照其實成功率高於側面照許多，以各年齡層分別對身邊的女性去收集正面照片，並仿照 LCW 的模式（Sun,2014）[64]建立一個膚色資料庫。

4.8.2 膚色擷取程式之建立

在此將膚色橢圓體模型、擷色之神經網路方法之運用，以 Java 程式撰寫此膚色擷取程式（SkinColorExtractor），簡稱 SCE，以圖 4-8-2-1 呈現程式的視覺模式，並介紹相關工作區域，左邊部分為圖像顯示區、檔案名稱、執行通知、膚色橢圓區域，右邊則是開啟檔案、左臉頰數值、右臉頰數值、下臉頰數值、額頭數值，該輸入數值為圖像區域的擷點數值。（圖 4-8-2-1 SCE 程式介面）

---

[64] Sun, Y., Wang, X., & Tang, X. (2014). Deep learning face representation from predicting 10,000 classes. *Paper presented at the Proceedings of the IEEE Conference on Computer Vision and Pattern Recognition*, pp1891-1898.

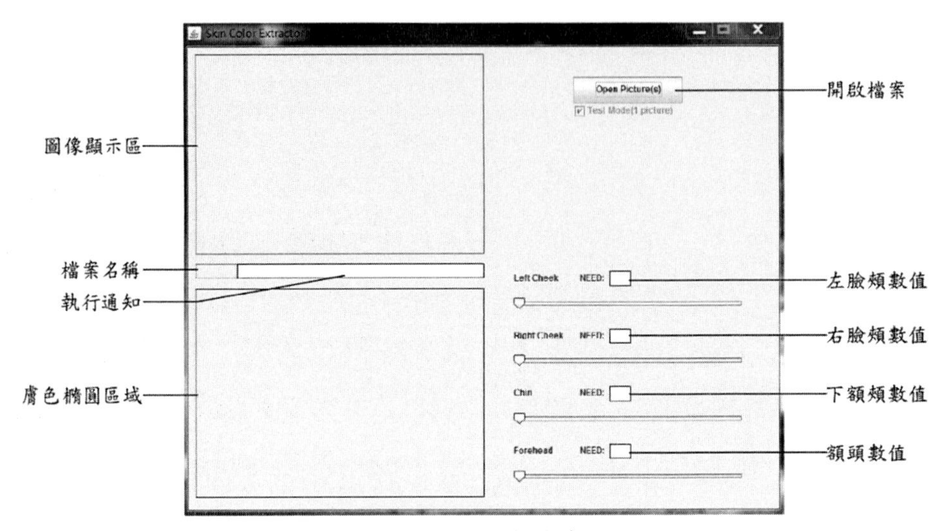

圖 4-8-2-1 SCE 程式介面

（一）程式執行步驟

步驟如下：以圖 4-8-2-2 呈現，選取資料庫中的一張檔案，點擊（1）開啟檔案，置入檔案，會看到（2）圖像顯示區顯示該圖檔圖案及（3）檔案名稱，在按鈕區域點擊（4）Detect Feature 選項，圖像會自動生成藍線，表示已偵測到人臉之右臉頰、左臉頰、下額、額頭之區域擷色點，並可在左下角輸入 Need（6）擷色點數值，最後按下（7）Generate Result，以圖 4-8-2-3 呈現，顯示輸入數值的（8）紅色擷取點，膚色橢圓區域會顯示該（9）橢圓體，並可輸入（10） L 亮度值去觀察其變化性，並且儲存一份膚色 RGB 及 Lab 的 Office Excel 檔案。（圖 4-8-2-2 SCE 程式執行圖-1）（圖 4-8-2-3 SCE 程式執行圖-2）

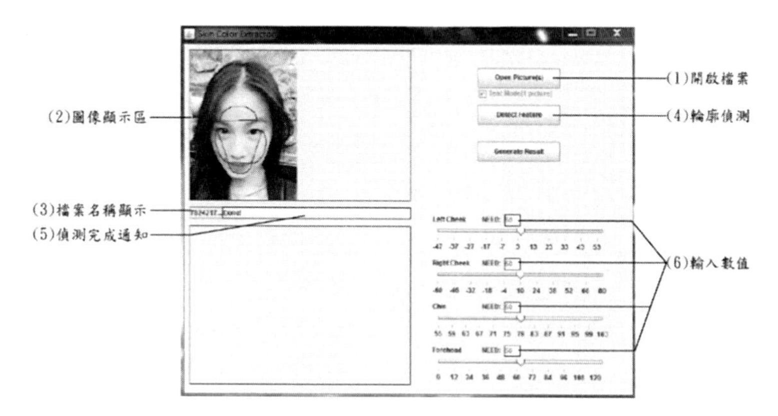

圖 4-8-2-2 SCE 程式執行圖-1

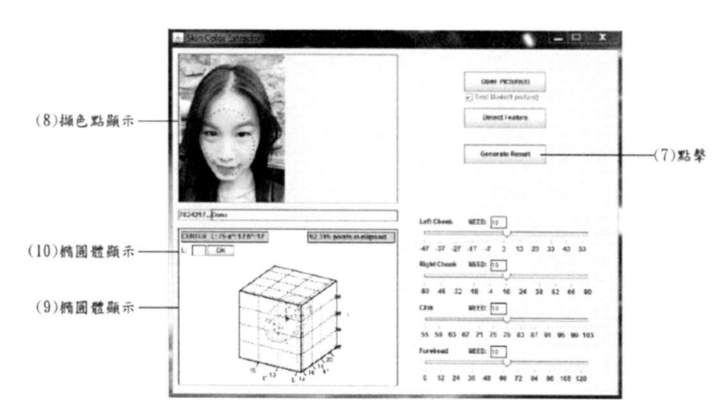

圖 4-8-2-3 SCE 程式執行圖-2

4.8.3 田口法找最佳化

圖 4-8-3-1（a）表示人臉的偵測定位完成後，以點對點相連結線的方式，針對右眼角、左眼角、右眉中間、左眉角、右嘴角、左嘴角的點去做劃分。圖 4-8-3-1（b）是可能產生膚色擷點的區域。所以在圖 4-8-3-1（c）顯示可能產生的膚色擷點，本書中設定每張置入的照片為 300x600 pixel，其中的各連結線的 pixel 數值中拉升弧度的最大之擷點數為 50 點，點對點的相等連

結線為 25 點，最小拉升弧度擷點數為 3 點。弧度方向分別以 -1、0、1 呈現，如右嘴角到左嘴角的最小拉升位置會到嘴巴與暗部的下額，此弧度方向無法構成符合膚色的區塊，故不列入計算之中。（圖 4-8-3-1 點擷色的可能分佈狀況）

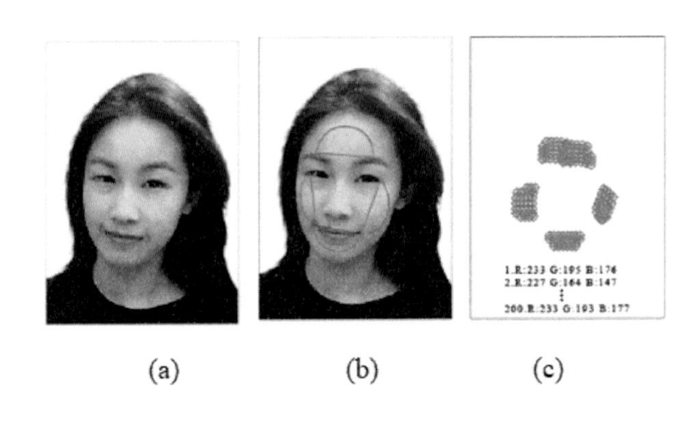

圖 4-8-3-1 點擷色的可能分佈狀況

圖 4-8-3-2 本書將臉部劃分為四個區塊，分別為額頭、左臉頰、右臉頰、下巴。挑選適當因子為設計水準。一個區塊分別有二個因子（弧度與擷點數）共有 8 個因子，3 個等級，故挑選 L18 直交表。（圖 4-8-3-2 臉部區域的定義與劃分）（圖 4-8-3-3 針對擷色點可能產生的控制因子表）

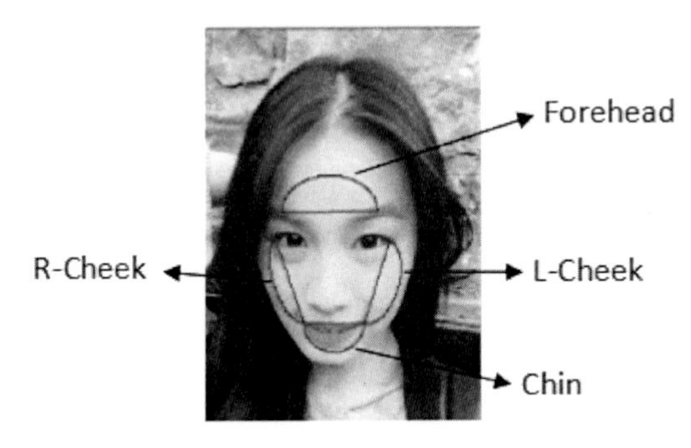

圖 4-8-3-2 臉部區域的定義與劃分

Levels of Control Factors		Level	Level 1	Level 2	Level 3
Chin	radian	A	-1	0	
	points	B	3	25	50
R-cheek	radian	C	-1	0	+1
	points	D	3	25	50
L-cheek	radian	E	-1	0	+1
	points	F	3	25	50
Forehead	radian	G	-1	0	+1
	points	H	3	25	50

圖 4-8-3-3 針對擷色點可能產生的控制因子表

利用直交表的特性將實驗次數從 4,374 次（$2^1 \times 3^7$）實驗縮減為 18 次實驗，大幅簡化實驗次數並計算出 S/N 比、標準差、平均數，套入反應表中呈現結果，透過田口方法的 S/N 比轉換，使實驗數據符合加法模式（相加的特性），並計算各因子水準的影響，得到品質特性的因子反應表，如圖 4-8-3-4。

Exp	A	B	C	D	E	F	G	H	P1	P2	P3	Ave.	S	S/N
1	1	1	1	1	1	1	1	1	98	97.5	98	97.83	0.289	50.6
2	1	1	2	2	2	2	2	2	94	93.8	94.2	94	0.2	53.4
3	1	1	3	3	3	3	3	3	95	94.5	96.2	95.23	0.874	40.7
4	1	2	1	1	2	2	3	3	96.7	96	95	95.9	0.854	41
5	1	2	2	2	3	3	1	1	94	95	94	94.33	0.577	44.3
6	1	2	3	3	1	1	2	2	94.4	94	94.5	94.3	0.265	51
7	1	3	1	2	1	3	2	3	96.2	96	96.5	96.23	0.252	51.7
8	1	3	2	3	2	1	3	1	96	96.5	96	96.17	0.289	50.5
9	1	3	3	1	3	2	1	2	96	96	95	95.67	0.577	44.4
10	2	1	1	3	3	2	2	1	95.4	95.4	96.7	95.83	0.751	42.1
11	2	1	2	1	1	3	3	2	95	94.5	95.2	94.9	0.361	48.4
12	2	1	3	2	2	1	1	3	96	95.1	96	95.7	0.52	45.3
13	2	2	1	2	3	1	3	2	95.4	94	96.1	95.17	1.069	39
14	2	2	2	3	1	2	1	3	96	94	95	95	1	39.6
15	2	2	3	1	2	3	2	1	95.1	96.7	96	95.93	0.802	41.6
16	2	3	1	3	2	3	1	2	95	94.5	95.8	95.1	0.656	43.2
17	2	3	2	1	3	1	2	3	94.5	96.6	96.5	95.87	1.185	38.2
18	2	3	3	2	1	2	3	1	96.7	94.5	96	95.73	1.124	38.6

圖 4-8-3-4 因子反應表

透過反應表可以清楚看到品質特性的影響結果，由於 S/N 比屬於望大特性，可以很容易的從反應表中找出各組最佳化的結果，首先在圖 4-8-3-5 中可以看出 Significant 的部分是可看出 B D F H 為 yes，代表有反應且有影響。分別為：擷取點的最佳組合為{BFHD}。也可以找品質特性下的因子重要性排列：最佳化效率為 B>F>H>D，如圖 4-8-3-5 因子特性結果表。Rank 之分數第 1 為 B，-4~1.7 的範圍，進位數約 6 的範圍值，故最佳化擷取點為六點。（圖 4-8-3-5 因子特性結果表）

	A	B	C	D	E	F	G	H
Level 1	44.0	46.8	44.6	44.0	46.6	46.0	44.6	46.0
Level 2	41.8	42.7	45.7	42.0	45.8	43.2	44.0	44.0
Level 3		44.4	43.6	41.0	45.0	42.0	43.0	42.7
E^{1-2}	-2.2	-4.0	1.1	-2.0	-0.8	-2.8	-0.6	-2.0
E^{2-3}		1.7	-2.1	-1.0	-0.8	-1.2	-1.0	-1.3
Range	2.2	5.7	2.2	3.0	1.6	4.0	1.6	3.3
Rank	5	1	6	4	7	2	8	3
Significant?	no	yes	no	yes	no	yes	no	yes

圖 4-8-3-5 因子特性結果表

由分析結果發現重要性的排列會依照品質特性的不同而改變，主要是因為田口方法屬於單一品質特性的最佳化方法，再將此數做程式的修正依據，讓本書之程式可以快速計算出膚色擷取最佳化的結果。

4.8.4 田口法最佳化結果

以田口法將特徵點去做判定，目的達到最佳化膚色擷取點，得以有效率得到該膚色的基底色彩。

4.8.5 人臉膚色探測實驗設計

（一）六點擷色程式 FaceRGB

研究考量到未來，為了可以達到巨量資料的讀取累計計算與應用，運用 JAVA 語言編寫運算程式，將人臉辨識到特徵擷取、相對位置與膚色擷取等流程作自動化處理。首先針對六點 RGB 偵測，研究中以三個步驟作程式編寫的重點： 一是人臉特徵定位；二是利用人臉特徵之相對位置定位 6 點；三是將非膚色之點或與臉部顏色差異較大的點剔除。圖 4-8-5-1-1（b），表示程式將圖片讀入程式後作人像辨別、特徵定位。經由辨識後的人像會有特徵辨識點的產生，經由相對位置的計算與設計來設定六點位置。圖 4-8-5-1-1（c）說明經各特徵辨識點的相關位置，程式中設計的六點分佈為上額（6）、上下臉頰左右共四點（1.2.3.4）與下額（5）；每個影樣中所截取的六點，都會依循每個圖相於一開始的人臉特徵辨識點而作改變（圖 4-8-5-1 六點擷色的生成過程）

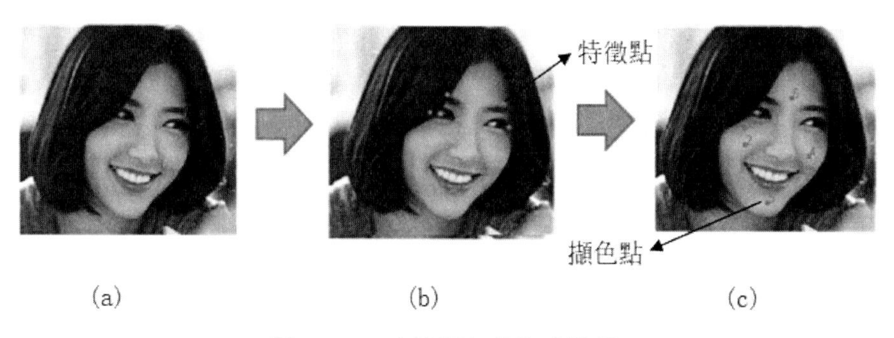

圖 4-8-5-1 六點擷色的生成過程

（二）除錯機制

為了除錯，也就是將非膚色之點或與臉部顏色差異較大的點剔除，本書的初始想法是利用臉部膚色的平均值做為基準點，計算每個臉部像素（pixel）顏色與基準點之距離，距離較遠的視為異常值（outlier），並予以剔除。在程式編寫的過程中即是擷取出人像臉部之每一個點顏色，再作平均顏色計算。計算平均距離並利用高斯分佈的標準差位移，將異常值剔除。本書運用的膚色辨方法是根據過往文獻提出的統計方法（Hsu et al.,2002），研究中說明 YCbCr 的色彩空間中，膚色範圍 Cb 值為 97.5~142.5 以及 Cr 值為 134~176；介於這個範圍內，我們就推論該像素為膚色像素；反之，則為非膚色的像素。研究中，不難發現 6 點的擷取可能會有截取到毛髮，或過多陰影的部分，由於在色彩辨識中他們都在膚色值範圍中，只是明暗度的變化不同；所以為了除錯，除了將膚色限制值加入之外，本書利用高斯分佈與標準差的概念將異常值剔除，圖 4-8-5-2 說明異常值在 6 點擷色過程中如何被定義與發現。

1）計算 FaceSkin 中所有點資料到 FaceLABavg 的平均距離（ΔE avg）及標準差 σ 。

2）距離 FaceLABavg 大於 （Distanceavg +2 σ ）的點視為異常值 outlier。

3）ΔE 計算方式：根據 CIE2000 的敘述（ICC,2006），ΔE 計算公式：

$$\Delta E_{00}^{*} = \sqrt{\left(\frac{\Delta L'}{k_L S_L}\right)^2 + \left(\frac{\Delta C'}{k_C S_C}\right)^2 + \left(\frac{\Delta H'}{k_H S_H}\right)^2 + R_T \frac{\Delta C'}{k_C S_C} \frac{\Delta H'}{k_H S_H}} \quad (37)$$

4）將 6 點中屬於異常值 outlier 的點資料剔除（圖 4-8-5-2-1 異常值 outlier1）

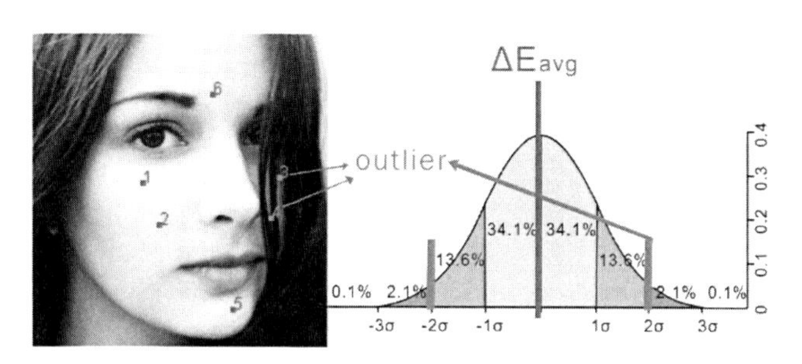

圖 4-8-5-2 異常值 outlier1

（三）程式說明與操作

本書以 JAVA 語言根據上述的理論與方法，將邏輯與流程作自動化之編譯，其程式的介面如圖 4-8-5-3-1 所示：

1）開啟程式後，標題出現 FaceRGB。

2）當檔案讀入後，圖片影像會呈現於此視窗中；包括巨量資料的讀取或運算，視窗或同步將即時狀態做一呈現。

3）試算進度的條狀視窗，會將進度的狀況以長條進度作一呈現，來表示達成的結果。

4）為處理巨量資料，所以在程式中編寫四組運算通道，作為巨量試算的使用。

5）指令選擇設計可為單張圖像讀取，或一次選擇多張影像輸入。

6）此為單一影像處理之後的結果，包含 6 點的顏色、RGB 值和 LAB 值。（圖 4-8-5-3-1 FaceRGB2 的介面與操作）

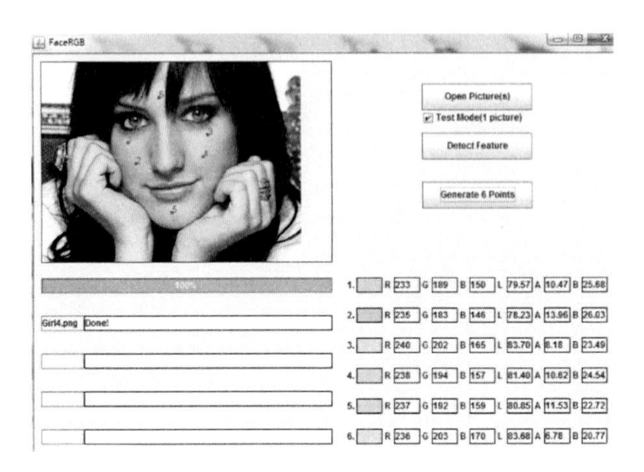

圖 4-8-5-3-1 FaceRGB2 的介面與操作

4.8.6 相關性探討

FaceRGB 主要是經由數位影像，作人臉辨識，經特徵擷取再由相對位置作點擷色的工作。為驗證此程式的可靠度與實用性，研究在驗證過程中，以真人用光譜儀作膚色截取來作兩相比對。

（一）光譜儀應用

光譜儀為將光分解為光譜線的科學儀器，由稜鏡或繞射光柵等構成，當複色光通過分光元件（如光柵、稜鏡）進行分光後，依照光的波長（或頻率）的大小順次排列形成的圖案，而光譜中最大的一部分可見光譜是電磁波譜中人眼可見的一部分，在這個波長範圍內的電磁輻射被稱作可見光。（James, 2007）。本書使用 USB4000 作為實驗研究儀器，為實驗驗證之器材，儀器分別接收器、取樣元件、偵測器、光纖線，最後透過 USB 連結線連結至電腦。（Ocean Optics Int Web site）

（二）實驗設計

1.實驗對象：15-35 歲亞洲女性，樣本數：40。

2.在 2M 立方封閉空間，圖 4-8-6-1 為此研究實驗的空間與相關配套設計，其牆面皆用消光黑漆塗布，並加上黑簾幕以防其它光源干擾。

3.支撐架的設計，一方面用來固定下顎，一方面要確保光源（D65）與反射光接收角度。

4.光譜儀與光源與其他為調整的裝置設備，均來自 Ocean Optics，其可靠度與學術性的認證，為業界所認同。（圖 4-8-6-1 光譜儀擷色的空間與相關配套設計）

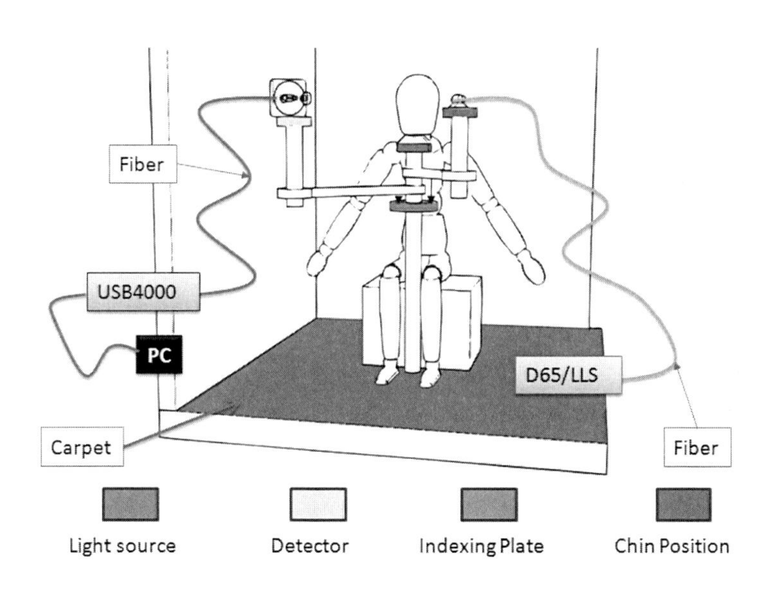

圖 4-8-6-1 光譜儀擷色的空間與相關配套設計

4.8.7 結果與討論

（一）FaceRGB 與光譜儀的實驗比較

經由實驗比較，圖 4-8-7-1（a）為 FaceRGB 以 40 位受測樣本的數位影像，應用六點擷色所取得的色彩資料，研究中將其資料作空間圖像的點資料分佈處理，圖 4-8-7-1（b）是應用光譜儀針對同樣的 40 個樣本，在設計的空間中作實際量測所得的數據分佈。（圖 4-8-7-1 FaceRGB 與光譜儀（spectrometer）擷色結果）

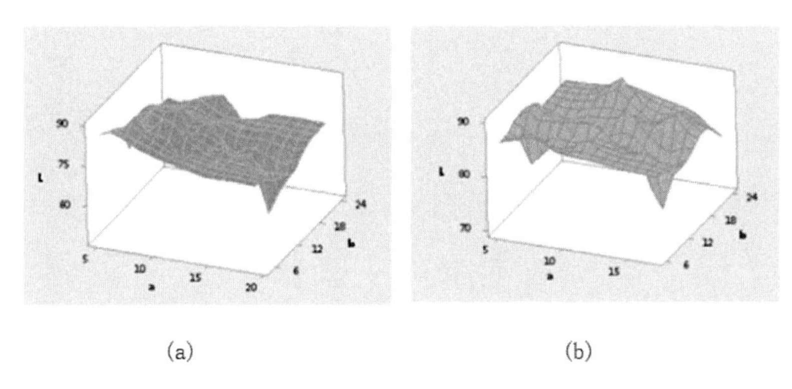

(a)　　(b)

圖 4-8-7-1 FaceRGB 與光譜儀（spectrometer）擷色結果

信度是一個衡量研究中測量工作，能否保持一致性的指標，平行信度（Parallel forms reliability）是用於檢驗，不同形式的相同測試，其相似性或等價性，一般會用 Pearson 相關係數衡量平行信度，公式如下：

$$r=\frac{\Sigma(x-\bar{x})(y-\bar{y})}{\sqrt{\Sigma(x-\bar{x})^{2}}\sqrt{\Sigma(y-\bar{y})^{2}}}=\frac{n\sum xy-\sum x-\sum y}{\sqrt{n\sum x^{2}-(\sum x)^{2}}\sqrt{n\sum y^{2}-(\sum y)^{2}}} \qquad (38)$$

圖 4-8-7-1-2 是 FaceRGB-L 和 FOS-L 的 Pearson 相關係數

r= 0.109, P 值 = 0.505。FaceRGB-b 和 FOS-b 的 Pearson 相關係數 r= 0.094, P 值 = 0.563FaceRGB-a 和 FOS-a 的 Pearson 相關係數 r = 0.221, P 值 = 0.171。皆屬於強相關。（圖 4-8-7-2 使用 Minitab 做相關性運算）

	RGB-L	RGB-a	RGB-b	FOC-L	FOC-a	FOC-b
1	77.0000	10.0000	14.0000	82.5	11	14
2	73.3076	10.8697	20.5819	89.8	7	10
3	86.3487	10.0387	10.3405	87.8	10	12
4	79.4007	8.6190	21.1051	87.7	12	14
5	87.9462	7.3483	13.6885	71.0	10	11
6	69.6448	14.6312	15.4052	88.7	17	24
7	74.0172	15.2924	20.0724	89.8	15	18
8	76.1399	14.8334	5.6106	87.8	15	16
9	87.9219	9.1134	10.5091	80.0	9	15
10	80.1223	10.7334	14.6510	88.7	9	12
11	87.4443	6.0767	4.9553	88.8	10	21
12	71.4790	6.0777	22.7756	87.0	11	12
13	74.9288	13.9151	10.3909	89.0	7	10
14	60.8632	12.9037	16.1815	80.6	9	8
15	78.0000	10.0000	14.0000	70.0	13	20
16	89.0000	9.0000	15.0000	89.0	15	10

圖 4-8-7-2 使用 Minitab 做相關性運算

圖 4-8-7-3 說明 LAB 間的區間相關性；橫軸：各個標準差數值，縱軸：相關性數值在相關性的區間圖中呈現，樣本分佈的形況差異不顯著，代表每個樣本點都有著密切接近的關係，且區間條皆有重疊，並位於持平一條線上，相關性強度為 95。

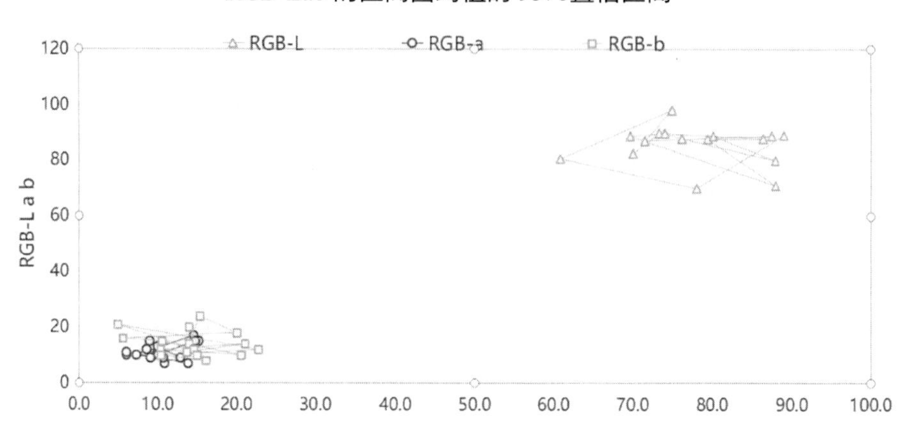

圖 4-8-7-3 FaceRGB 與 FOC 測試中，Lab 的區間相關性

（二）結論

本書主要在對人臉的膚色擷取作一探討，自一開始的膚色擷取程式設計，經由田口法的演算、假設以最小點數擷取作具代表性的擷色，再依此假說設計 FaceRGB 程式作多工與廣泛應用，最後在光譜儀的真人實驗中得到驗證。六點擷色的設計可大量縮短電腦在大量資料的計算與負擔，本書主要想針對未來區域人口大數據運算，作持續記錄與資料的累計與追蹤，這樣的資料累積可以為彩妝的工業提供更確切的資料參考，同時也可應用在各種與膚色有關的產品設計上。膚色的應用更可以在健康或疾病防治中扮演一定的角色，這也是未來可再做延伸的研究與發展。近幾年來因為科技與電腦網路的發達，大數據資料庫與雲端計算的應用到處可見，如果可以將研究中的擷色模式搭配工業 4.0 的架構與應用，將可以為商業模式帶來創新與價值。甚者，依此建立膚色資料庫，長期追蹤人類各項疾病與膚色的變化關係，亦可以為預防醫學作出不同的解決方案。

致 謝

Acknowledgements

本書的出版感謝

廣東省嘉應學院林風眠美術學院

廣東省林風眠藝術研究與實踐中心

流行趨勢色彩研究計畫，131-322E1857

福建省省社科，流行趨勢的膚色系統研究，FJ2020T009

支持與協助

國家圖書館出版品預行編目(CIP) 資料

彩妝AI設計/顏志晃著. -- 初版. -- 臺北市 : 元華文創股份有限公司, 2023.12
面； 公分

ISBN 978-957-711-343-6 (平裝)

1.CST: 化粧術 2.CST: 化妝品 3.CST: 流行文化

425.4　　112017896

彩妝AI設計

顏志晃　著

發 行 人：賴洋助
出 版 者：元華文創股份有限公司
聯絡地址：100 臺北市中正區重慶南路二段 51 號 5 樓
公司地址：新竹縣竹北市台元一街 8 號 5 樓之 7
電　　話：(02) 2351-1607　　傳　　真：(02) 2351-1549
網　　址：www.eculture.com.tw
E-mail：service@eculture.com.tw
文字整理：潘麗媛，王欣茹
圖像處理：聶祖騰
主　　編：李欣芳
責任編輯：立欣
行銷業務：林宜葶
出版年月：2023 年 12 月 初版
定　　價：新臺幣 400 元

ISBN：978-957-711-343-6 (平裝)

總經銷：聯合發行股份有限公司
地 址：231 新北市新店區寶橋路 235 巷 6 弄 6 號 4F
電 話：(02)2917-8022　　傳 真：(02)2915-6275